前 言

　　沙尘天气是风将地面尘土、沙粒卷入空中，使空气混浊的一种天气现象的统称，是影响我国北方地区的主要灾害性天气之一。强沙尘天气的发生往往给当地人民的生命财产造成巨大损失。

　　近几年来，随着社会、经济的发展和西部大开发战略的实施，沙尘天气给国民经济、生态环境和社会活动等诸多方面造成的灾害性影响越来越受到社会各界和国际上的关注。我国对沙尘天气也越来越重视，监测手段的逐渐增多以及沙尘天气研究工作取得的进展，使沙尘天气的预报水平不断地提高，为防御和减轻沙尘天气造成的损失做出了重大贡献。

　　为了适应沙尘天气科学研究的需要，也为各级气象台站气象业务技术人员提供更充分的沙尘天气信息，更好地掌握沙尘天气活动规律，提高预报准确率，国家气象中心组织整编了《沙尘天气年鉴》（2008年）。年鉴中有关资料承蒙全国各有关省、直辖市、自治区气象局及广大气象台站的大力协作和支持，使编写工作得以顺利完成。

　　《沙尘天气年鉴》的内容包括对当年沙尘天气过程概况的描述和沙尘天气产生的气象条件的分析，全年和逐月沙尘天气时空分布及主要沙尘天气过程相关图表等。

FOREWORD

Sand-dust weather is the phenomenon that wind blows dust and sand from ground into the air and makes it turbid. It's one of the main disastrous weather phenomena influencing northern areas of our country. Great casualties of people's lives and properties occur in these areas because of severe sand-dust weather.

In recent years, with the development of society and economy, implementation of strategy for development of western China, the disastrous influence of sand-dust weather on national economy, ecology and social life has become a hot issue in China, even in the world. With more and more attention to sand-dust weather and gradual increment of monitoring ways, the sand-dust weather research has been made and forecast level for this kind of weather has been improved, which contributes a lot to loss mitigation and sand-dust weather prevention.

In order to meet the requirements of sandstorm research, provide more sufficient sand-dust weather information for weather forecasters, National Meteorological Center compiled this "Sand-dust Weather Almanac 2008". The volume of almanac not only assists us by obtaining further knowledge on the behavior of sandstorm and improving forecast accuracy but provides better service for prevention of sandstorm as well. Thanks for the contribution of sand-dust data from relevant meteorological sections. We owe the success of this compilation to the great support of all the meteorological observations and stations country-wide.

"Sand-dust Weather Almanac" covers the annual general situation and meteorological background of sand-dust weather, annual and monthly temporal and spatial distribution charts of different types of sand-dust weather, as well as some charts and tables of main sand-dust weather cases.

沙尘天气年鉴

2008 年

中国气象局 编

SAND-DUST WEATHER ALMANAC 2008

气象出版社
China Meteorological Press

图书在版编目(CIP)数据

沙尘天气年鉴. 2008年／中国气象局编. －北京：气象出版社，2009.7
ISBN 978-7-5029-4787-3

Ⅰ.沙… Ⅱ.中… Ⅲ.沙暴-中国-2008-年鉴
Ⅳ.P425.5-54

中国版本图书馆CIP数据核字(2009)第113793号

气象出版社 出版
(北京市海淀区中关村南大街46号　邮编：100081)
总编室：010-68407112　　发行部：010-68409198
网址：http://www.cmp.cma.gov.cn　E-mail:qxcbs@263.net
责任编辑：陈　红　汪勤模　　终审：俞卫平
装帧设计：博雅思企划　　责任校对：石　仁

*

北京佳信达恒智彩印有限公司印刷
气象出版社 发行

*

开本：787×1092　1/16　印张：4.75　字数：120千字
2009年7月第1版　　2009年7月第1次印刷
定价：45.00元

本书如存在文字不清、漏印以及缺页、倒页、脱页等，请与本社
发行部联系调换

《沙尘天气年鉴》（2008年）编写人员

国家气象中心：毛冬艳　周晓霞　牛若芸　张金艳　赵　瑞
　　　　　　　　林玉成　乔　林　宗志平　郭文华　韩燕革

国家气候中心：张　勇　宋艳玲　杨明珠　张　强　艾婉秀

国家卫星气象中心：李小龙　李　云　曹志强　吴晓京

北京市气象局：刘海涛　陈大刚

说 明

一、沙尘天气及沙尘天气过程的定义

本年鉴有关沙尘天气及沙尘天气过程的定义执行国家标准 GB/T 20480 – 2006《沙尘暴天气等级》。

沙尘天气分为浮尘、扬沙、沙尘暴、强沙尘暴和特强沙尘暴五类。

1. 浮尘：当天气条件为无风或平均风速 ≤ 3.0 m/s 时，尘沙浮游在空中，使水平能见度小于 10 km 的天气现象。
2. 扬沙：风将地面尘沙吹起，使空气相当混浊，水平能见度在 1 ~ 10 km 以内的天气现象。
3. 沙尘暴：强风将地面尘沙吹起，使空气很混浊，水平能见度小于 1 km 的天气现象。
4. 强沙尘暴：大风将地面尘沙吹起，使空气非常混浊，水平能见度小于 500 m 的天气现象。
5. 特强沙尘暴：狂风将地面尘沙吹起，使空气特别混浊，水平能见度小于 50 m 的天气现象。

沙尘天气过程分为五类：浮尘天气过程、扬沙天气过程、沙尘暴天气过程、强沙尘暴天气过程和特强沙尘暴天气过程。

1. 浮尘天气过程：在同一次天气过程中，相邻 5 个或 5 个以上国家基本（准）站在同一观测时次出现了浮尘的沙尘天气。
2. 扬沙天气过程：在同一次天气过程中，相邻 5 个或 5 个以上国家基本（准）站在同一观测时次出现了扬沙或更强的沙尘天气。
3. 沙尘暴天气过程：在同一次天气过程中，相邻 3 个或 3 个以上国家基本（准）站在同一观测时次出现了沙尘暴或更强的沙尘天气。
4. 强沙尘暴天气过程：在同一次天气过程中，相邻 3 个或 3 个以上国家基本（准）站在同一观测时次成片出现了强沙尘暴或特强沙尘暴天气。
5. 特强沙尘暴天气过程：在同一次天气过程中，相邻 3 个或 3 个以上国家基本（准）站在同一观测时次出现了特强沙尘暴的沙尘天气。

为了同往年《沙尘天气年鉴》统一，依照中国气象局《沙尘天气预警业务服务暂行规定（修订）》（气发[2003]12号），本年鉴只统计和分析浮尘、扬沙、沙尘暴和强沙尘暴四类以及浮尘天气过程、扬沙天气过程、沙尘暴天气过程和强沙尘暴天气过程四类。

二、资料与统计方法

2008年沙尘天气日数和站数、沙尘天气过程和强度等是逐日8个时次（时界：北京时00时）地面观测资料的统计结果。

具体统计方法如下：①某测站一日8个时次只要有一个时次出现沙尘天气，则该站记有一个沙尘日；②某测站一日8个时次只要有一个时次出现了扬沙、沙尘暴或强沙尘暴，记有一个扬沙日；③某测站一日8个时次只要有一个时次出现沙尘暴或强沙尘暴，记有一个沙尘暴日；④某测站一日8个时次只要有一个时次出现强沙尘暴，记有一个强沙尘暴日；⑤对某日沙尘天气站数的统计也遵循上述规定。

三、沙尘天气过程编号标准

国家气象中心对每年移入或发生在我国天气预报区域内的扬沙、沙尘暴、强沙尘暴天气过程按照其出现的先后次序进行编号,编号用 6 位数码,前四位数码表示年份,后两位数码表示出现的先后次序。例如:2008 年出现的第 6 次沙尘天气过程应编为"200806"。

四、沙尘天气过程纪要表内容

沙尘天气过程纪要表包括该年出现的所有扬沙、沙尘暴和强沙尘暴天气过程,其相关内容包括:沙尘天气过程编号、起止时间、过程类型、主要影响系统、扬沙和沙尘暴影响范围和风力。其中主要影响系统是指引起沙尘天气的地面天气尺度的天气系统,主要包括冷锋、气旋、低气压。冷锋是冷气团占主导地位推动暖气团移动的锋,锋后常伴有大风。低气压是指中心气压低于四周并具有闭合等压线的天气系统。蒙古气旋产生于蒙古国及我国内蒙古或东北地区,它由两到三种冷暖气团交汇而成,通常从气旋中心往外有冷锋、暖锋或锢囚锋生成,气旋发展强烈时常出现大风。

五、年及各月沙尘天气日数分布图

年及各月沙尘天气日数分布图包括年及各月沙尘天气出现日数分布图、扬沙天气出现日数分布图、沙尘暴天气出现日数分布图和强沙尘暴天气出现日数分布图。

六、沙尘天气过程图表

沙尘天气过程图表包括沙尘天气过程描述表、沙尘天气范围图、500hPa 环流形势图、地面天气形势图及气象卫星监测图像等。沙尘天气过程描述表中的最大风速是从该次沙尘天气过程中所有出现沙尘天气站点的定时观测中统计出来的最大风速。500hPa 环流形势图、地面天气形势图的选用原则是能充分反映造成该次沙尘天气过程的环流形势及影响系统,图中 G(D) 表示高(低)压中心,L(N) 表示冷(暖)中心。

七、沙尘天气路径划分标准

沙尘天气路径分为偏北路径型、偏西路径型、西北路径型、南疆盆地型和局地型五类。
1. 偏北路径型:沙尘天气起源于蒙古国或我国东北地区西部,受偏北气流引导,沙尘主体自北向南移动,主要影响西北地区东部、华北大部和东北地区南部,有时还会影响到黄淮等地;
2. 偏西路径型:沙尘天气起源于蒙古国、我国内蒙古西部或新疆南部,受偏西气流引导,沙尘主体向偏东方向移动,主要影响我国西北、华北,有时还影响到东北地区西部和南部;
3. 西北路径型:沙尘天气一般起源于蒙古国或我国内蒙古西部,受西北气流引导,沙尘主体自西北向东南方向移动,或先向东南方向移动,而后随气旋收缩北上转向东北方向移动,主要影响我国西北和华北,甚至还会影响到黄淮、江淮等地;
4. 南疆盆地型:沙尘天气起源于新疆南部,并主要影响该地区;
5. 局地型:局部地区有沙尘天气出现,但沙尘主体没有明显的移动。

目　录

前　言

说　明

1. 2008年沙尘天气概况 1
   1.1　沙尘天气过程 1
   1.2　沙尘天气日数 1
   1.3　2008年春季沙尘天气主要特点 4
   1.4　2008年北京沙尘天气主要特点 6
2. 2008年沙尘天气气候背景 7
   2.1　2008年春季沙尘天气显著偏少的原因 7
   2.2　沙尘发生的气候背景和地理环境条件 9
3. 2008年沙尘天气过程纪要表 10
4. 2008年1—12月沙尘天气日数分布图 12
5. 2008年沙尘天气过程图表 36
   5.1　2月11日扬沙天气过程 36
   5.2　2月21–23日扬沙天气过程 38
   5.3　2月29日–3月1日沙尘暴天气过程 40
   5.4　3月14–15日沙尘暴天气过程 43
   5.5　3月17–19日扬沙天气过程 45
   5.6　3月29–31日沙尘暴天气过程 47
   5.7　4月17–21日沙尘暴天气过程 50
   5.8　4月30日–5月3日沙尘暴天气过程 52
   5.9　5月6–8日沙尘暴天气过程 55
   5.10　5月19–20日沙尘暴天气过程 57
   5.11　5月26–28日强沙尘暴天气过程 59
   5.12　5月28–29日沙尘暴天气过程 62
   5.13　12月7日扬沙天气过程 64

1　2008年沙尘天气概况

1.1　沙尘天气过程

2008年，我国共出现了13次沙尘天气过程，其中扬沙过程4次、沙尘暴过程8次、强沙尘暴过程1次。这13次沙尘天气过程中偏西路径和偏北路径均为4次，西北路径3次，其余2次为局地型。首次发生的沙尘天气过程是2月11日的扬沙天气过程，末次出现的是12月7日的扬沙天气过程。2008年强度最强的沙尘天气过程是5月26-28日的强沙尘暴天气过程，沙尘天气袭击了内蒙古、华北、东北地区中南部以及山东半岛等地，沙尘暴和强沙尘暴主要集中出现在内蒙古中西部，有17个测站出现了沙尘暴，其中8个测站出现了强沙尘暴。

1.2　沙尘天气日数

2008年，我国北方大部地区以及西藏等地的局部地区出现了沙尘天气（图1.1），与往年基本相似，呈两个明显的多发区：一个位于南疆盆地，沙尘天气日数一般为20～80天，其中塔中、民丰、和田超过了100天，沙尘天气日数分别为149天、134天和103天；另一个多发区位于内蒙古西部、甘肃中西部、宁夏北部，沙尘天气日数一般为10～25天，局部地区可达30天左右。

扬沙主要出现在西北地区、华北地区、内蒙古中西部和东南部、东北地区中南部等地（图1.2）。扬沙天气也存在两个多发区，位置与沙尘天气基本相同，日数一般有10～25天，其中南疆盆地、内蒙古西部的局部地区达25～59天。

沙尘暴出现的区域范围较扬沙明显缩小（图1.3），主要分布在南疆盆地、青海北部、甘肃中西部、内蒙古中西部等地，日数一般为1～3天，部分地区超过5天，局部地区达10～19天。

强沙尘暴主要出现在南疆盆地、内蒙古中西部等地（图1.4），日数一般不超过3天，仅在南疆盆地的局部地区达4～8天。

沙尘天气概况

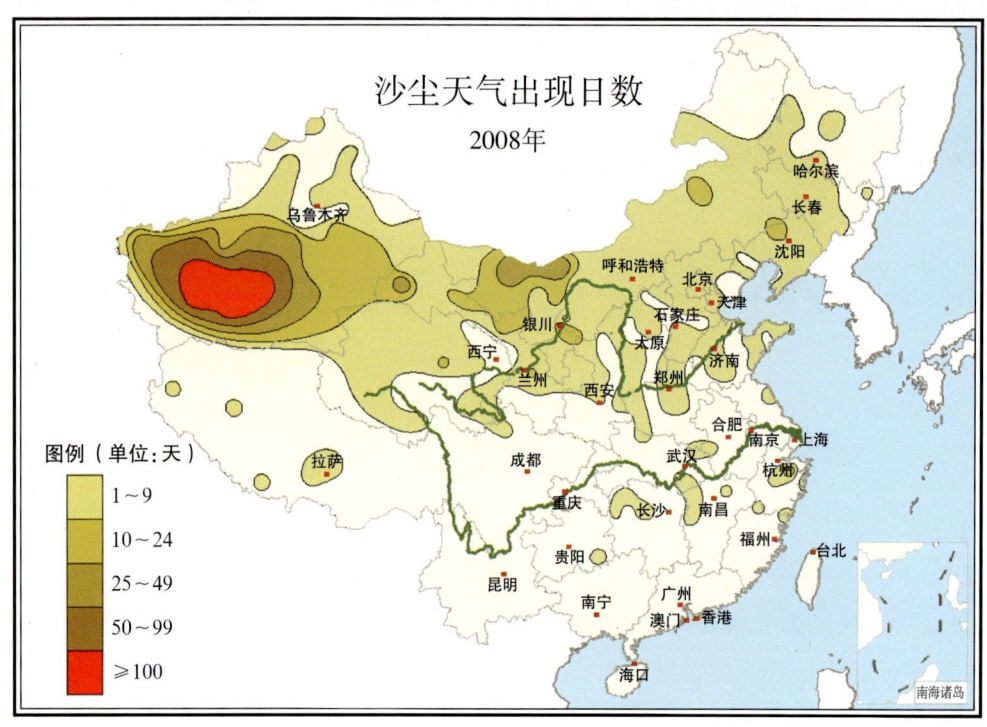

图1.1　2008年沙尘天气日数图

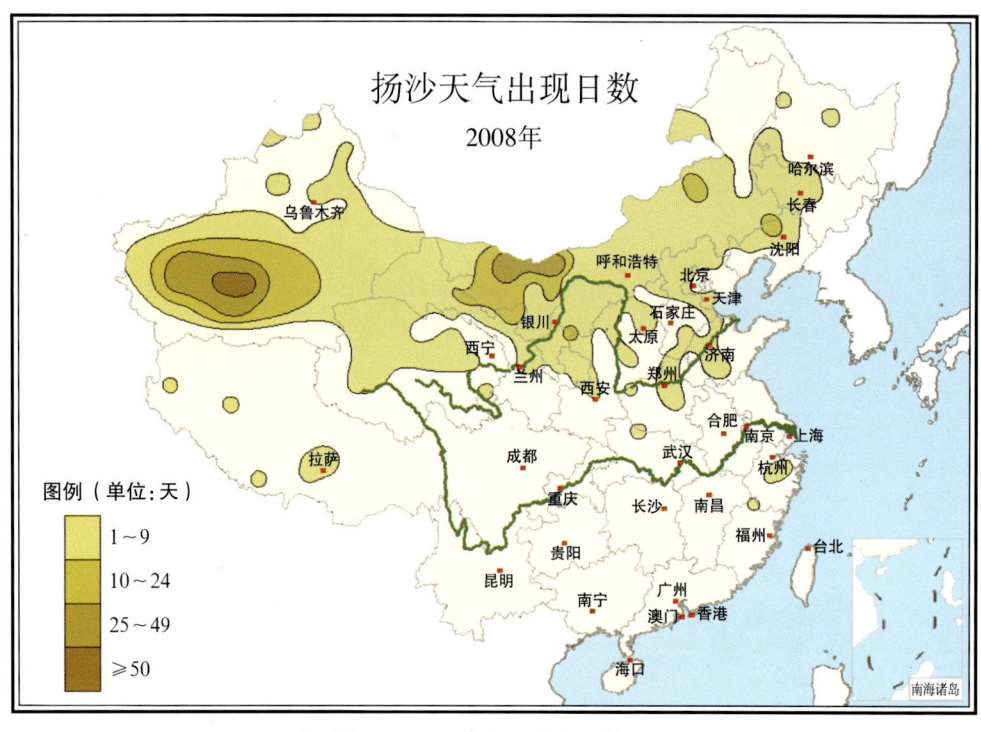

图1.2　2008年扬沙天气日数图

沙尘天气概况 *Sand-dust Weather Almanac*

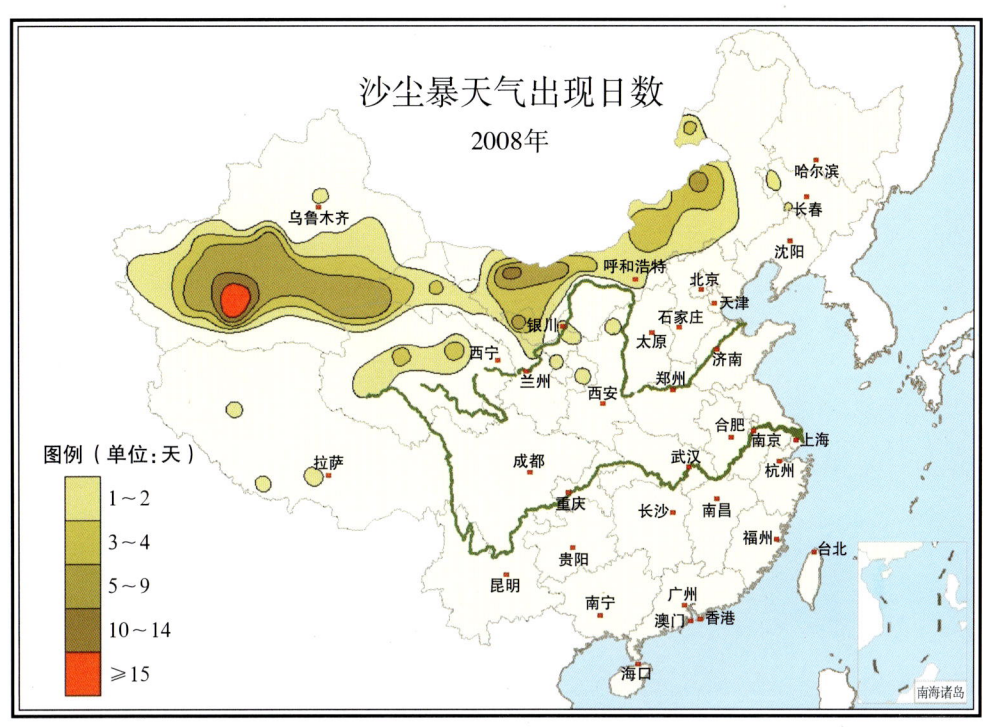

图1.3 2008年沙尘暴天气日数图

图1.4 2008年强沙尘暴天气日数图

1.3 2008年春季沙尘天气主要特点

2008年春季（3-5月）沙尘天气的主要特点是范围小、日数少、不同强度沙尘天气过程次数差异明显，月际变化显著。

(1) 沙尘天气过程总次数偏少，不同强度之间差异明显

2008年春季我国共出现了10次沙尘天气过程，低于近9年（2000-2008年）的平均值（13次）。但不同强度沙尘天气过程的次数差异明显，主要表现为沙尘暴天气过程8次，高于近9年的平均值（6.1次），仅少于2001年（10次），与2008年并列为近9年来春季沙尘暴天气过程第二多的年份；扬沙天气过程1次，明显低于近9年的平均值（4.9次），与2002年次数相同，为近9年来春季扬沙过程次数最少的年份；强沙尘暴天气过程1次，低于近9年的平均值（2次）（图1.5）。

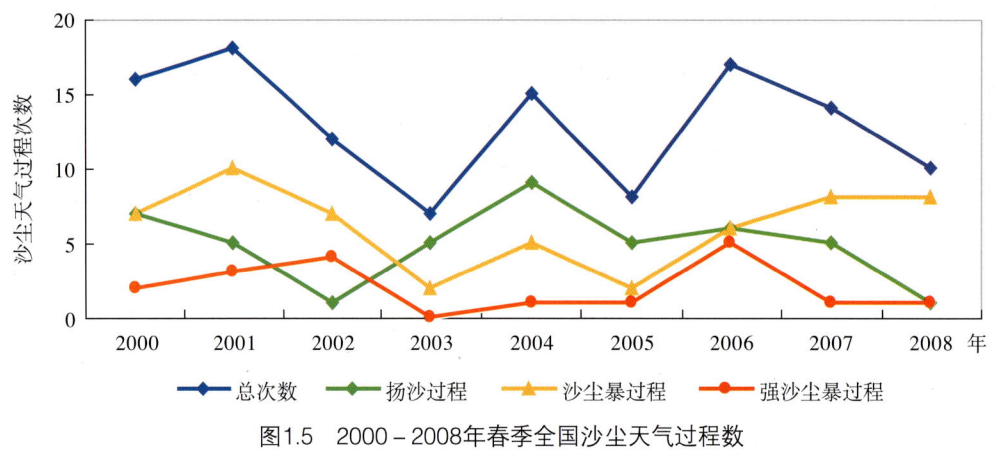

图1.5　2000-2008年春季全国沙尘天气过程数

(2) 沙尘天气日数明显偏少

2008年春季累计出现的沙尘、扬沙、沙尘暴、强沙尘暴总站日数依次为1264、567、133和43站·天，较近9年同期各类沙尘天气总站日数平均值偏少30%左右，其中，扬沙总站日数仅多于2005年，为近9年来的次低值（图1.6）。

沙尘天气概况

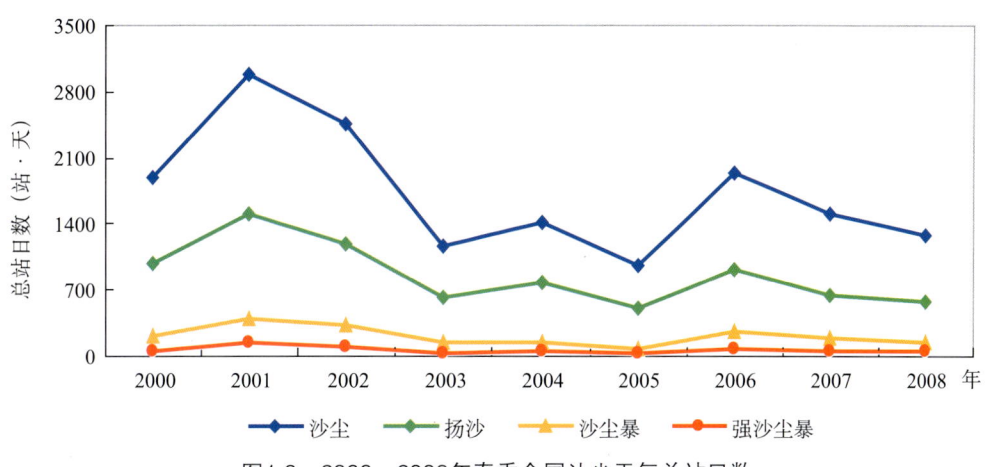

图1.6　2000－2008年春季全国沙尘天气总站日数

（3）沙尘天气范围明显偏小

2008年春季，我国出现沙尘天气的范围明显偏小，沙尘、扬沙、沙尘暴的总站数均较近9年平均值偏少20%左右，其中，扬沙、沙尘暴出现的站数（151站、55站）仅多于2005年（150站、45站），为近9年来同期次低值（图1.7）。

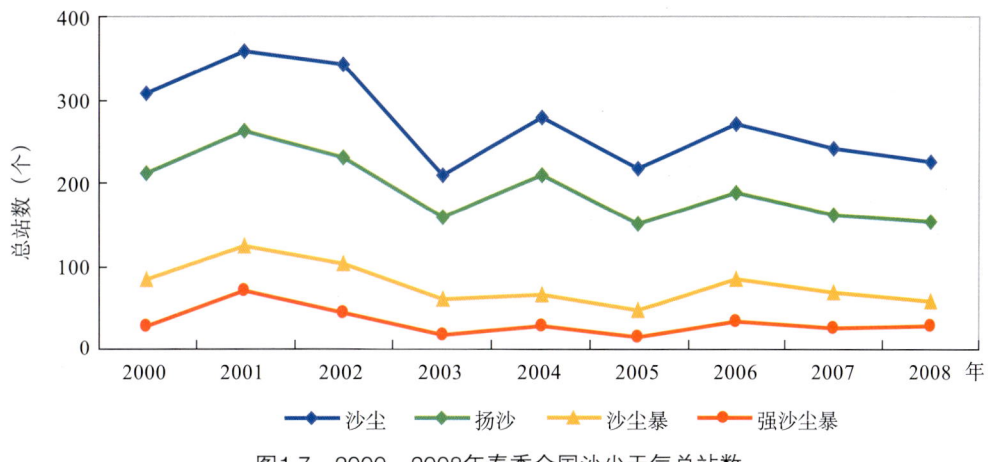

图1.7　2000－2008年春季全国沙尘天气总站数

（4）沙尘天气月际变化显著，多发期偏晚

从2008年春季（3－5月）逐月沙尘天气过程次数依次为4次、1次和5次，与常年平均值（4次、5.3次、3.7次）相比，3月与近9年平均值持平，4月则显著偏少，5月偏多；并且5月下旬集中出现了2次沙尘暴、1次强沙尘暴过程，呈现明显的月际变化以及沙尘天气多发期偏晚的特征（图1.8）。

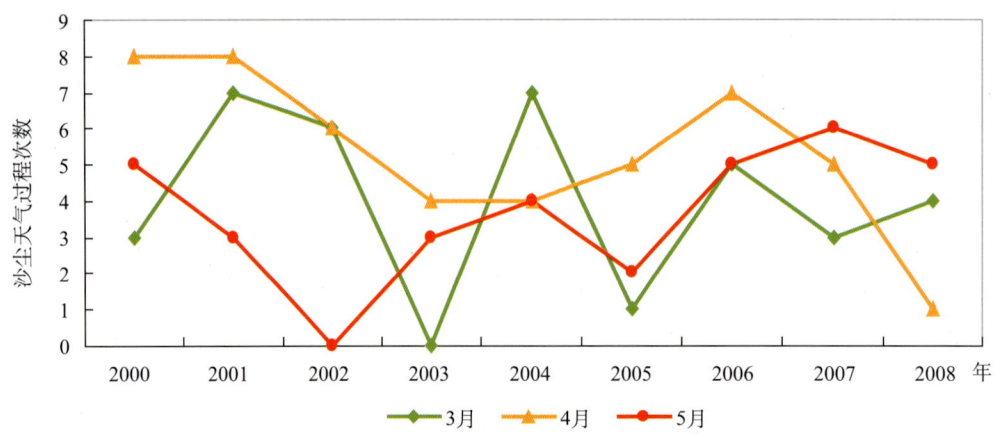

图1.8　2000–2008年春季我国各月沙尘天气过程次数

1.4　2008年北京沙尘天气主要特点

2008年北京共出现了6天沙尘天气，其表现形式均为外来浮尘，其中3月份1天，出现在3月18日；5月份5天，分别出现在20、21、27、28、29日。

2008年北京沙尘天气明显偏少，其主要原因是：①春季冷空气活动偏弱，大风天气较少，2008年春季北京大风日数只有2天，分别出现在4月25日和5月29日，比常年（8.7天）明显偏少。②沙尘天气多发季节春季北方大部地区降水比常年明显偏多，土壤墒情较好，冬小麦、牧草、植被和树木的返青、发芽和生长状况良好，抑制了沙尘天气的发生。

2 2008年沙尘天气气候背景

2.1 2008年春季沙尘天气显著偏少的原因

2008年春季,我国北方地区沙尘天气过程数和各沙尘区沙尘日数均较常年同期显著偏少。造成2008年春季沙尘天气显著偏少的原因主要有:

(1) 前期天气气候条件不利于沙源区起沙

2007年夏季(图2.1a),我国西北地区和内蒙古西部的沙源区降水较常年同期偏多,新疆北部植被长势良好;秋季(图2.1b),西北地区和内蒙古中西部沙源区降水较常年同期偏多;冬季,东亚出现显著雨雪天气,雪盖范围异常偏大(图2.2)。上述条件不利于各沙源区起沙。

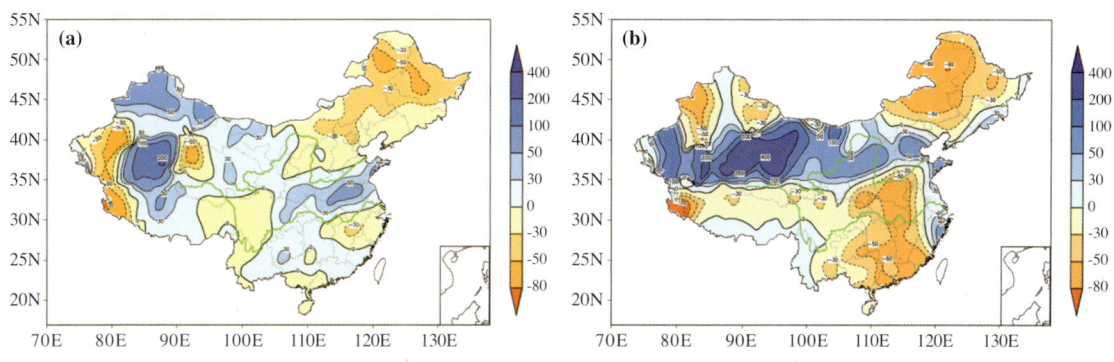

图2.1 2007年夏季(a)和秋季(b)中国降水距平百分率(%)

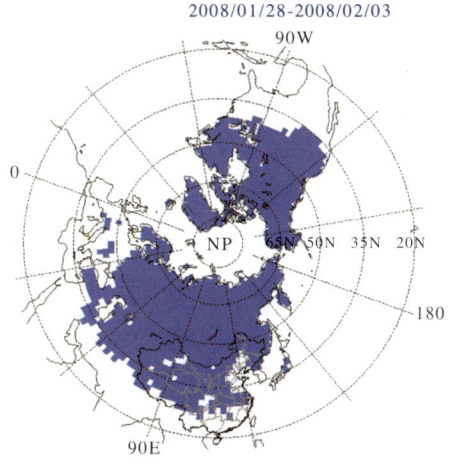

图2.2 2008年第5周北半球雪盖分布范围

(2) 2008年春季环流不利于沙尘输送

2008年春季,亚洲区极涡面积指数较常年偏小(图2.3),季平均北半球500 hPa高度及距平场上(图2.4),欧亚中高纬度上空为平直环流和高度场正异常,逐候欧亚环流指数（图2.5）序列表明，2008年春季多以纬向环流为主，上述条件均不利于春季冷空气活动，为沙尘天气偏少提供了环流背景。2008年春季我国北方沙尘过程多出现在3月和5月，这与阶段性的经向环流和冷空气活动具有密切的关系。

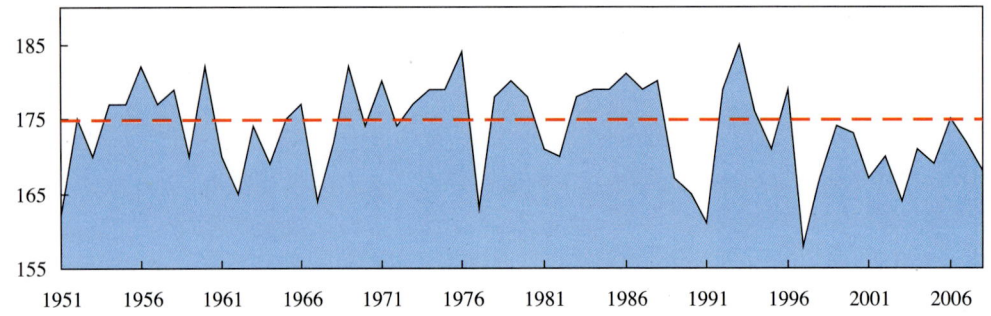

图2.3　1951—2008春季季平均亚洲区极涡面积指数序列（蓝色面积区）及其气候平均值（红虚线）

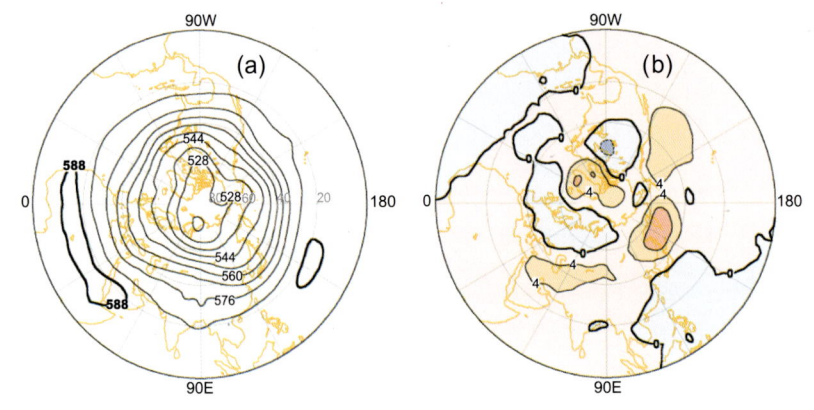

图2.4　2008年春季北半球500 hPa季平均位势高度（a）及距平（b）（10 gpm）

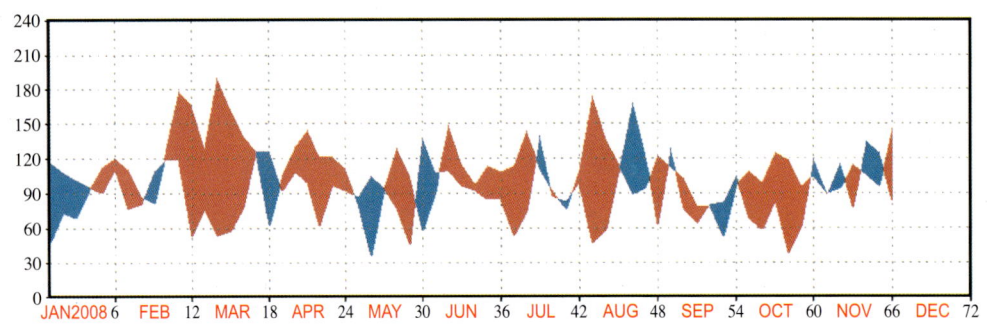

图2.5　2008年欧亚环流指数逐候演变图

2.2 沙尘发生的气候背景和地理环境条件

1954年以来我国北方春季沙尘天气过程数演变序列（图2.6）显示，1950年代末至1970年代初期为沙尘天气过程偏多时段，1970年代中期至1980年代初沙尘天气过程较常年同期偏少，1980年代初至1990年代初回复到沙尘过程数偏多阶段，1990年代中后期至今，沙尘过程数较常年同期显著偏少，目前仍处于沙尘过程数偏少的气候背景下。

我国沙尘天气多发区与沙漠的分布紧密相连，分别位于新疆北部的准噶尔盆地、南部的塔里木盆地、甘肃河西地区、内蒙古东部的浑善达克沙地和中部的毛乌素沙地及西部的巴丹吉林沙漠。不同类型沙尘天气的空间分布范围不尽相同（图2.7），其中沙尘暴主要发生在与北方沙漠及沙漠化土地相联系的极干旱、干旱和半干旱区内；扬沙和浮尘天气除了在沙尘暴发生区的绝大部分地区出现外，还向其他地区扩展，扬沙可向东北地区和东南的黄淮海平原及以南地区扩展，浮尘天气主要向东南方向扩展，可涉及整个黄淮海平原和长江中下游地区。

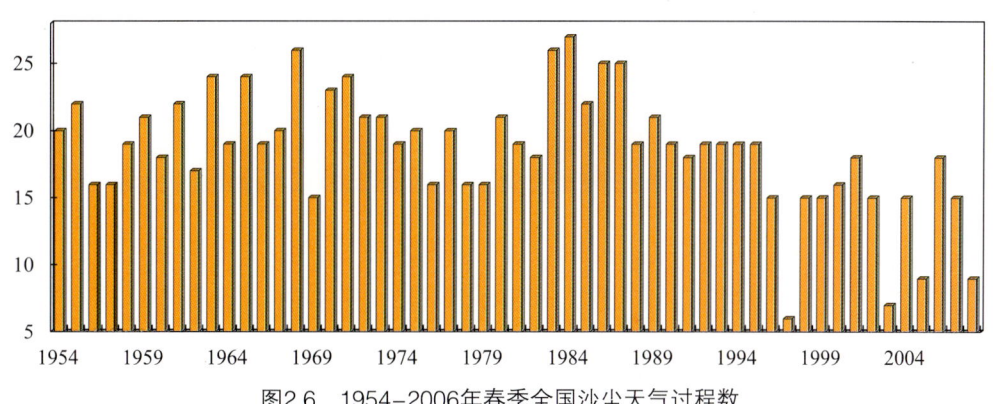

图2.6　1954-2006年春季全国沙尘天气过程数

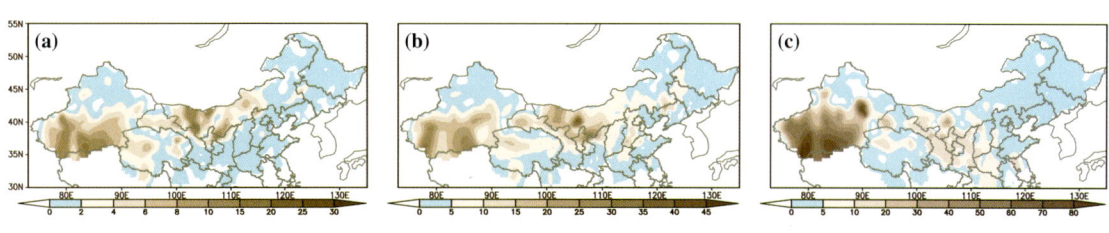

图2.7　1971-2000年春季我国北方气候平均的沙尘暴(a)、扬沙(b)和浮尘(c)分布情况

3　2008年沙尘天气过程纪要表

编　号	起止时间	过程类型	主要影响系统	扬沙和沙尘暴主要影响范围	风　力
200801	2月11日	扬沙	蒙古气旋冷锋	辽宁北部以及内蒙古中部、吉林中部的局部地区出现了扬沙。	4～6级
200802	2月21－23日	扬沙	低气压冷锋	南疆盆地东部、甘肃西部、内蒙古西部的部分地区出现了扬沙，其中，甘肃西部、内蒙古西部的局部地区出现了沙尘暴。	4～6级，部分地区7级
200803	2月29日－3月1日	沙尘暴	蒙古气旋冷锋	内蒙古西部、甘肃中西部、宁夏南部和东部以及陕西北部、山西中北部、河北、河南北部、山东西北部的局部地区出现了扬沙，其中，内蒙古西部、甘肃中西部的部分地区以及宁夏南部、陕西北部的局部地区出现了沙尘暴或强沙尘暴。	4～6级，部分地区7级
200804	3月14－15日	沙尘暴	蒙古气旋冷锋	内蒙古中西部和东南部、黑龙江西南部、吉林中西部、辽宁西部的部分地区、湖北西北部的局部地区出现了扬沙，其中，内蒙古中西部、吉林西部的局部地区出现了沙尘暴或强沙尘暴。	5～7级
200805	3月17－19日	扬沙	蒙古气旋冷锋	内蒙古中西部、甘肃西部、山西、河北西北部、河南北部、辽宁西北部、吉林西部的部分地区以及宁夏东北部、山东西北部的局部地区出现了扬沙，其中，内蒙古中西部、甘肃西部、吉林西南部的局部地区出现了沙尘暴或强沙尘暴。	4～6级，部分地区7～8级
200806	3月29－31日	沙尘暴	冷锋	南疆盆地、甘肃西部和中部局部地区、内蒙古西部以及青海西北部、宁夏东北部的局部地区出现了扬沙，其中，南疆盆地西北部的部分地区以及内蒙古西部、青海西北部的局部地区出现了沙尘暴或强沙尘暴。	4～6级，部分地区7～8级

沙尘天气过程纪要表

续表

编 号	起止时间	过程类型	主要影响系统	扬沙和沙尘暴主要影响范围	风 力
200807	4月17—21日	沙尘暴	蒙古气旋冷锋	南疆盆地和北疆的局部地区、青海北部、甘肃中西部以及内蒙古、宁夏中部、辽宁西北部、黑龙江西部的局部地区出现了扬沙,其中,南疆盆地、青海北部的部分地区以及北疆南部、甘肃中西部的局部地区出现了沙尘暴或强沙尘暴。	4~6级,局部地区7级
200808	4月30日—5月3日	沙尘暴	蒙古气旋冷锋	南疆盆地,青海北部、甘肃中西部、宁夏、内蒙古中西部的部分地区、陕西的局部地区出现了扬沙,其中,南疆盆地、青海北部的部分地区以及甘肃西部、宁夏东北部、内蒙古中西部的局部地区出现了沙尘暴或强沙尘暴。	4~6级,部分地区7级
200809	5月6—8日	沙尘暴	冷锋	南疆盆地、青海北部、甘肃西部和中部的局部地区以及内蒙古西部、宁夏西南部的局部地区出现了扬沙,上述局部地区出现了沙尘暴或强沙尘暴。	4~6级,部分地区7级
200810	5月19—20日	沙尘暴	蒙古气旋冷锋	内蒙古中部、河北西北部、山西北部局部地区出现了扬沙,其中,内蒙古中部的部分地区出现了沙尘暴或强沙尘暴。	4~6级
200811	5月26—28日	强沙尘暴	蒙古气旋冷锋	内蒙古中西部和东南部局部地区、山西北部、河北北部、天津以及辽宁西南部、河南北部的局部地区出现了扬沙,其中,内蒙古中西部的部分地区出现了沙尘暴或强沙尘暴。	5~7级,局部地区8~9级
200812	5月28—29日	沙尘暴	蒙古气旋冷锋	内蒙古中西部、河南北部、天津以及宁夏北部、陕西中部、山西北部、河北东部、吉林西南部的局部地区出现了扬沙,其中,内蒙古河套北部的部分地区出现了沙尘暴。	4~6级,局部地区7级
200813	12月7日	扬沙	冷锋	内蒙古西部、甘肃中西部、宁夏中部、陕西北部的部分地区出现了扬沙,其中,内蒙古西部、甘肃中部的局部地区出现了沙尘暴。	5~7级

4 2008年1—12月沙尘天气日数分布图

沙尘天气日数分布图

Sand-dust Weather Almanac 沙尘天气日数分布图

沙尘天气日数分布图

沙尘天气日数分布图

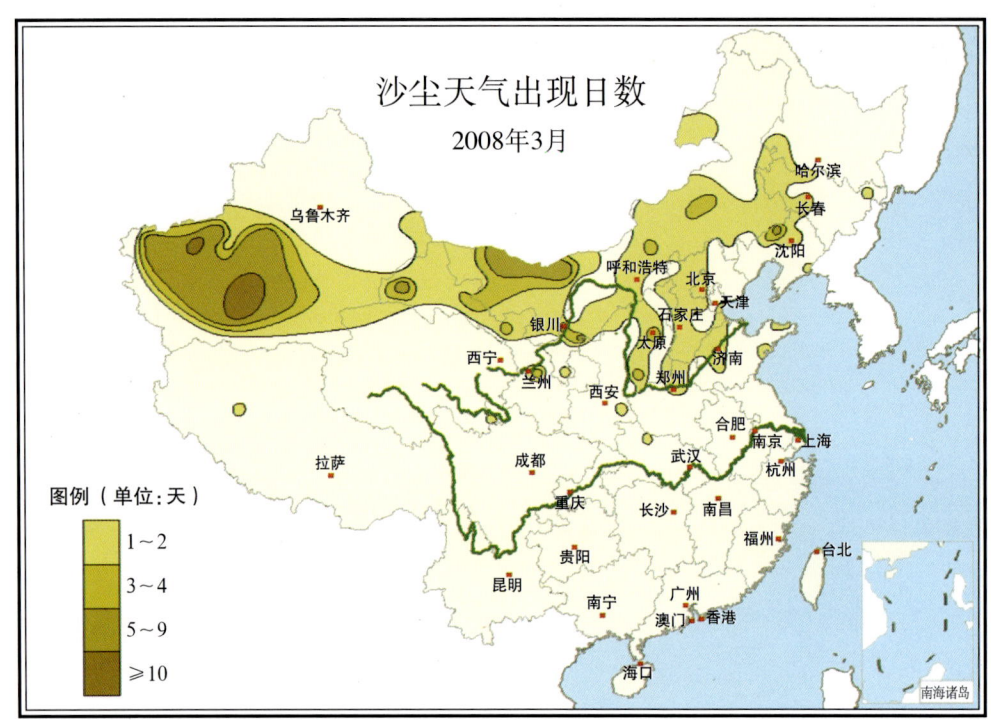

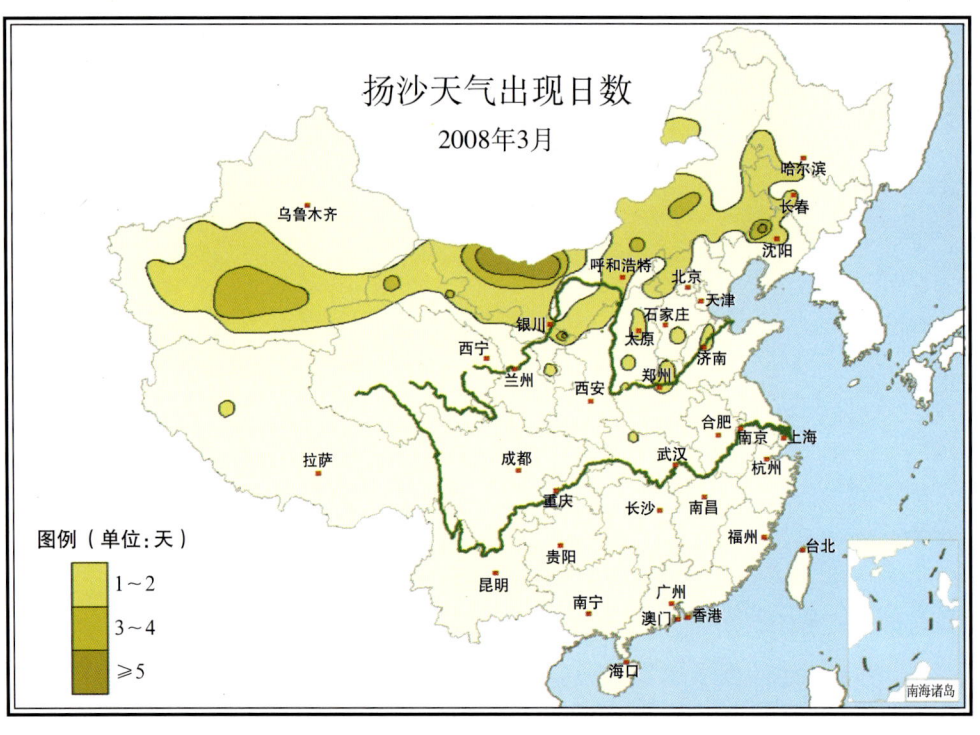

沙尘天气日数分布图 | *Sand-dust* | **Weather Almanac**

沙尘天气日数分布图

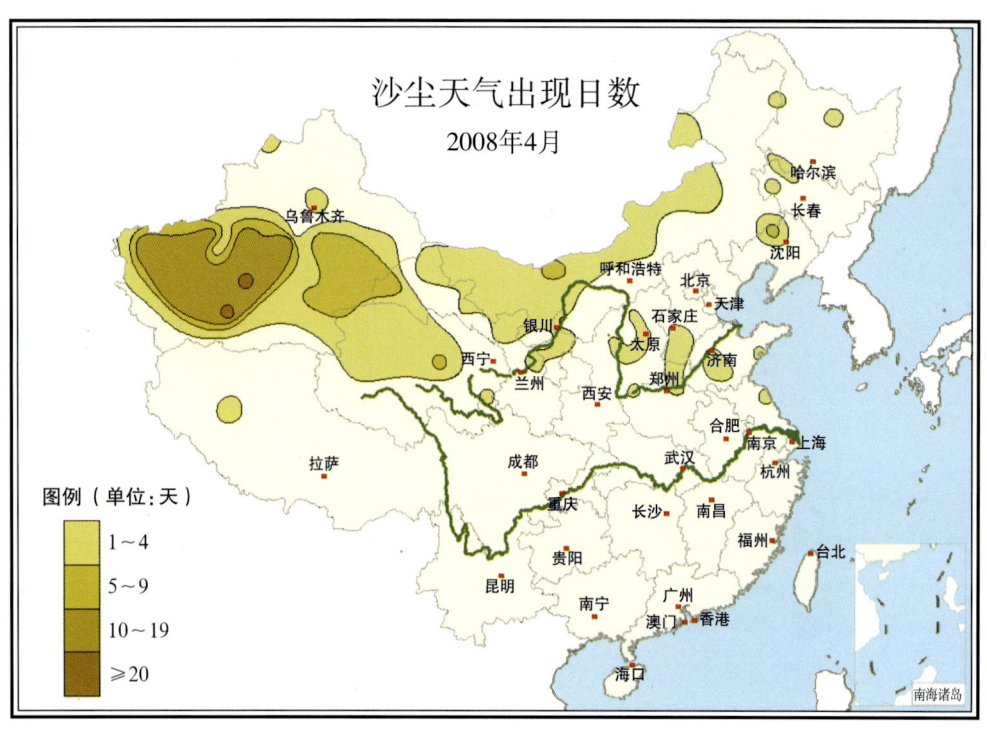

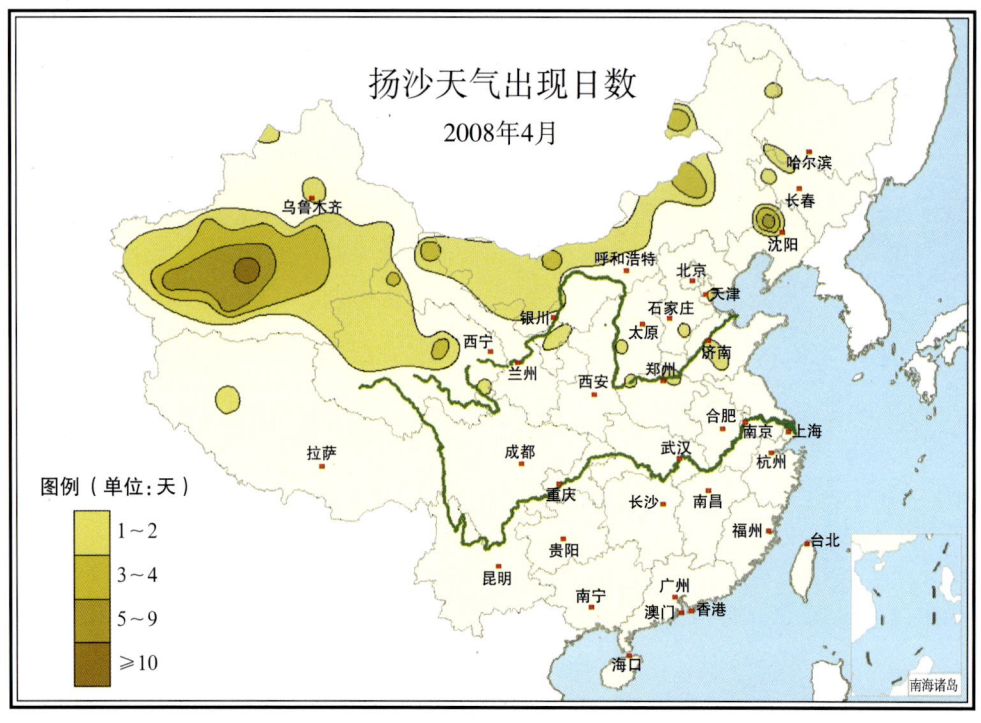

沙尘天气日数分布图

沙尘天气日数分布图

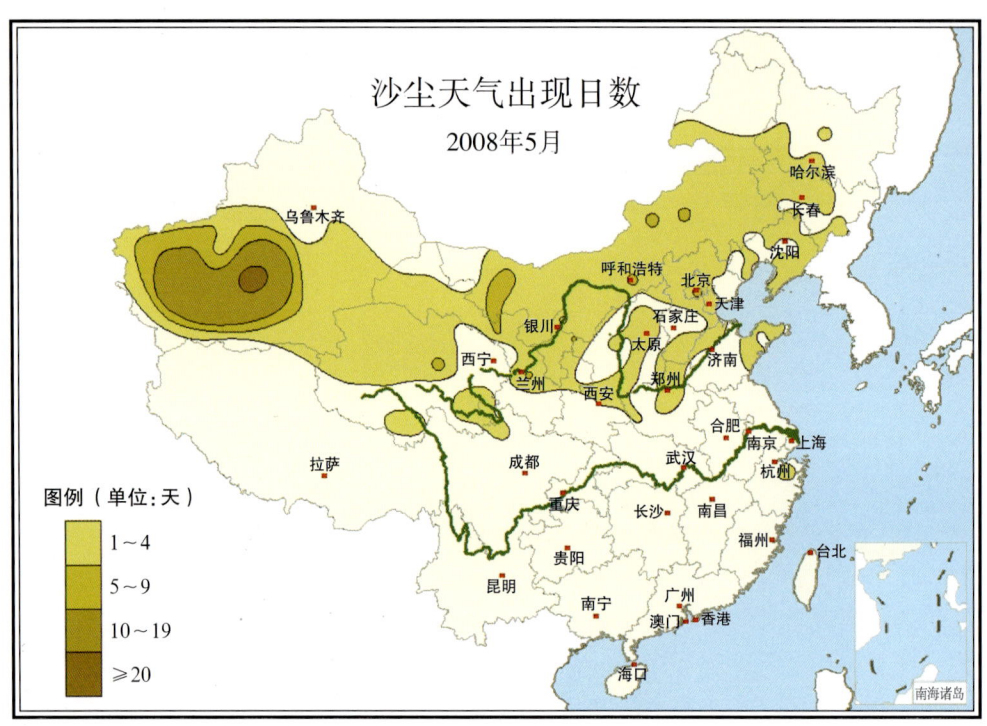

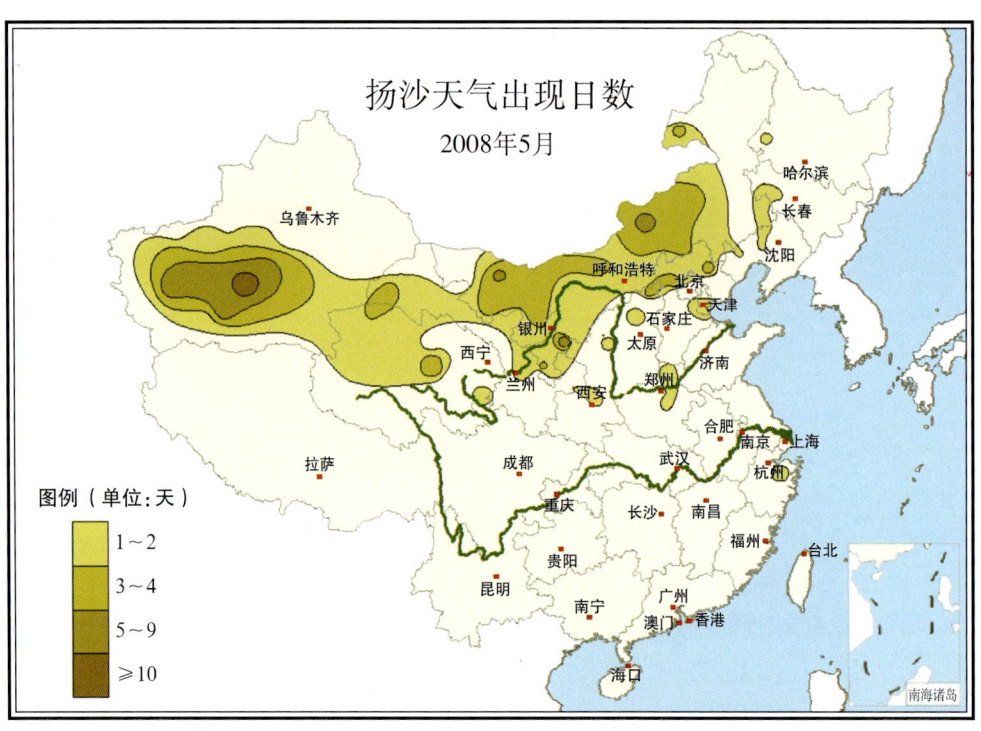

沙尘天气日数分布图

沙尘天气日数分布图

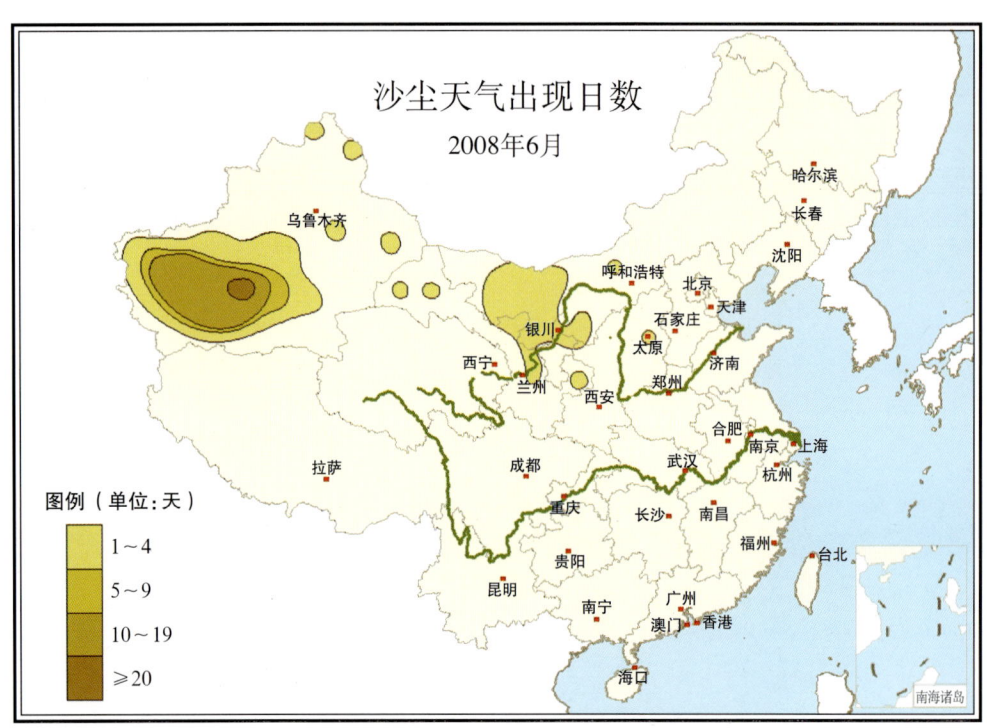

沙尘天气日数分布图

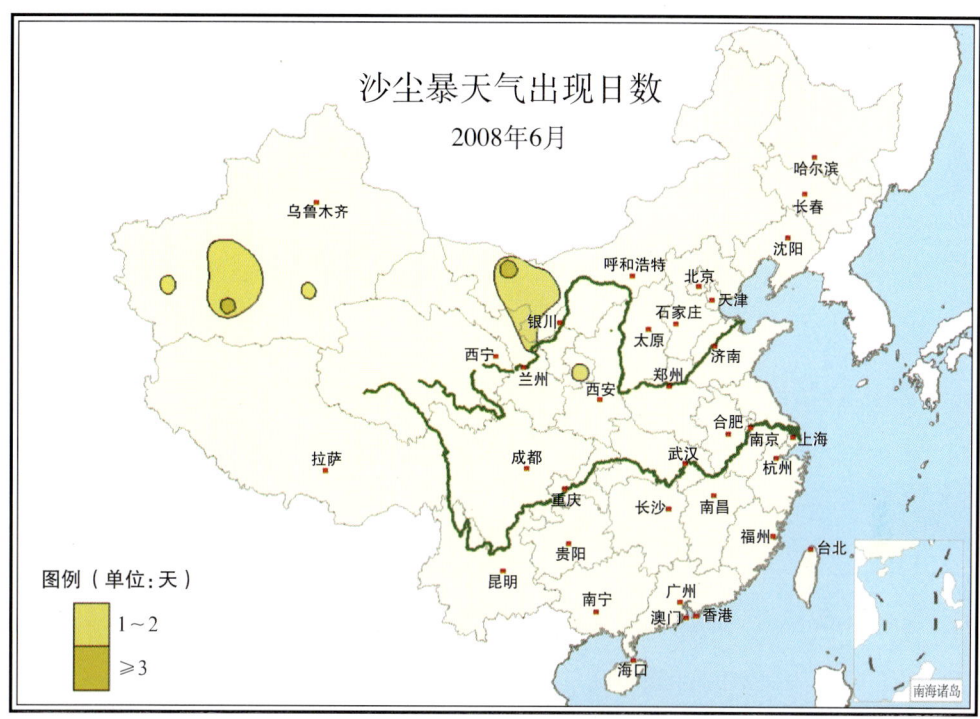

沙尘天气日数分布图

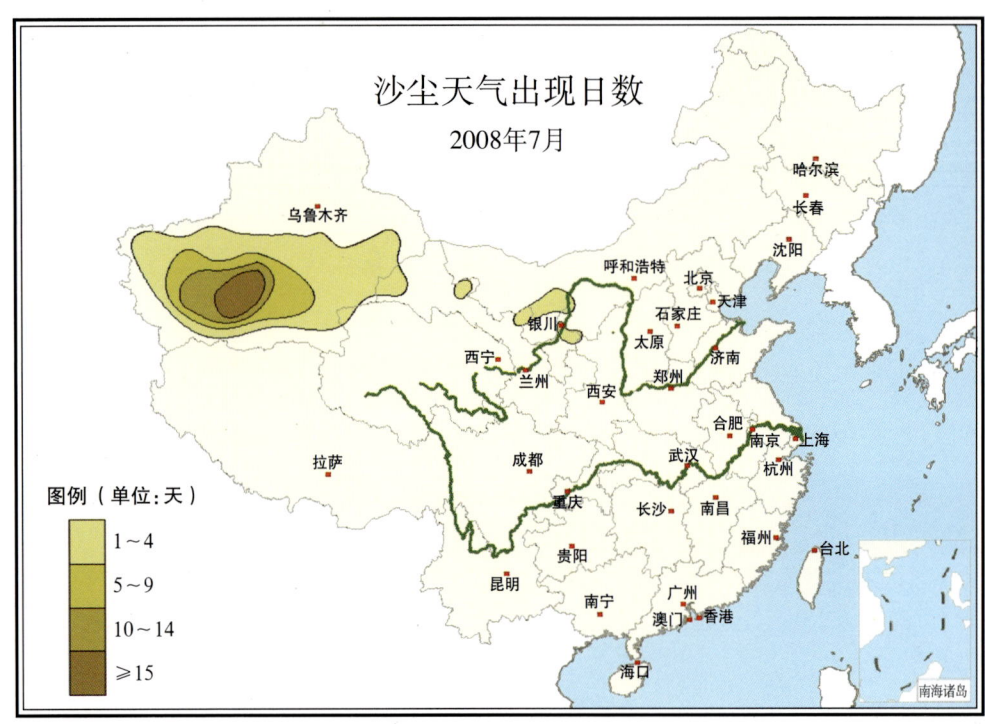

沙尘天气日数分布图

沙尘天气日数分布图

沙尘天气日数分布图

沙尘天气日数分布图

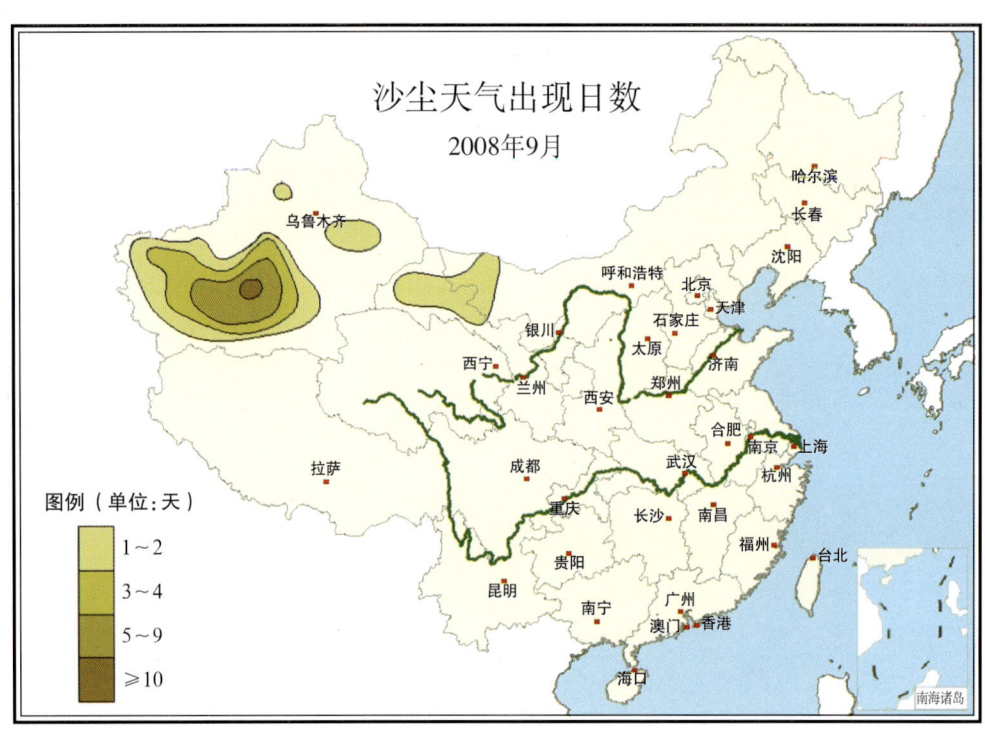

沙尘天气日数分布图

沙尘天气日数分布图

沙尘天气日数分布图

沙尘天气日数分布图

沙尘天气日数分布图

沙尘天气日数分布图

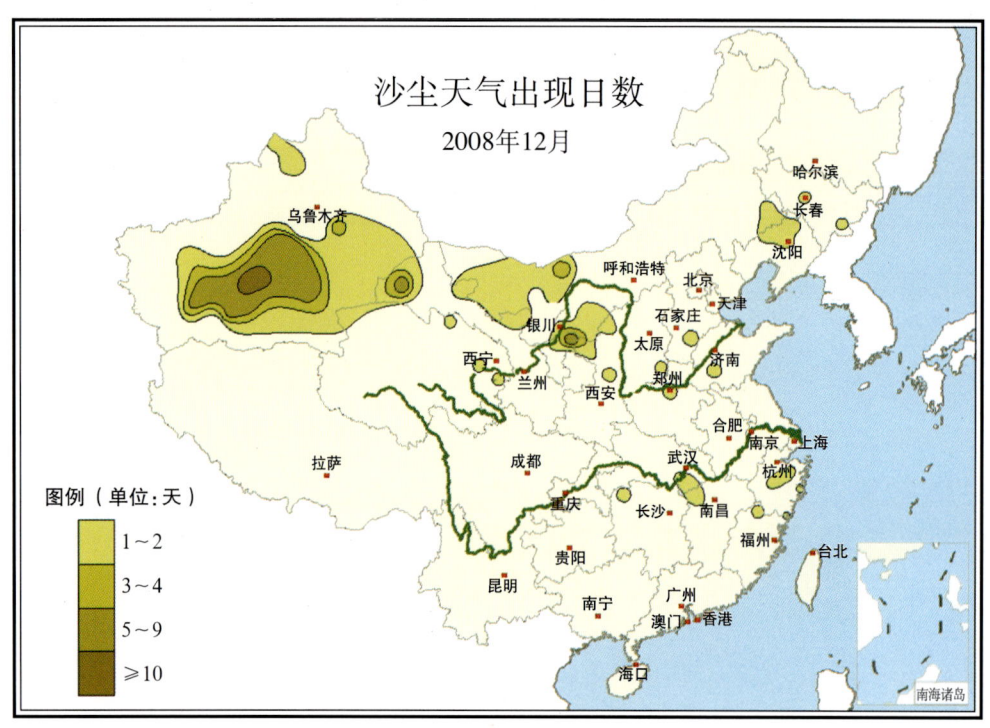

沙尘天气日数分布图

5 2008年沙尘天气过程图表

5.1 2月11日扬沙天气过程

5.1.1 沙尘天气过程描述

起止时间	2月11日
类　　型	扬沙
最大风速(单位：m·s^{-1})及出现地点	13 辽宁：阜新　黑山
最小能见度(单位：km)及出现地点	3.0 辽宁：本溪
沙尘路径	局地型
沙尘暴范围	/
强沙尘暴地点	/
影响系统	蒙古气旋　冷锋

5.1.2 沙尘天气范围图

5.1.3　2008年2月11日20时500 hPa环流形势图

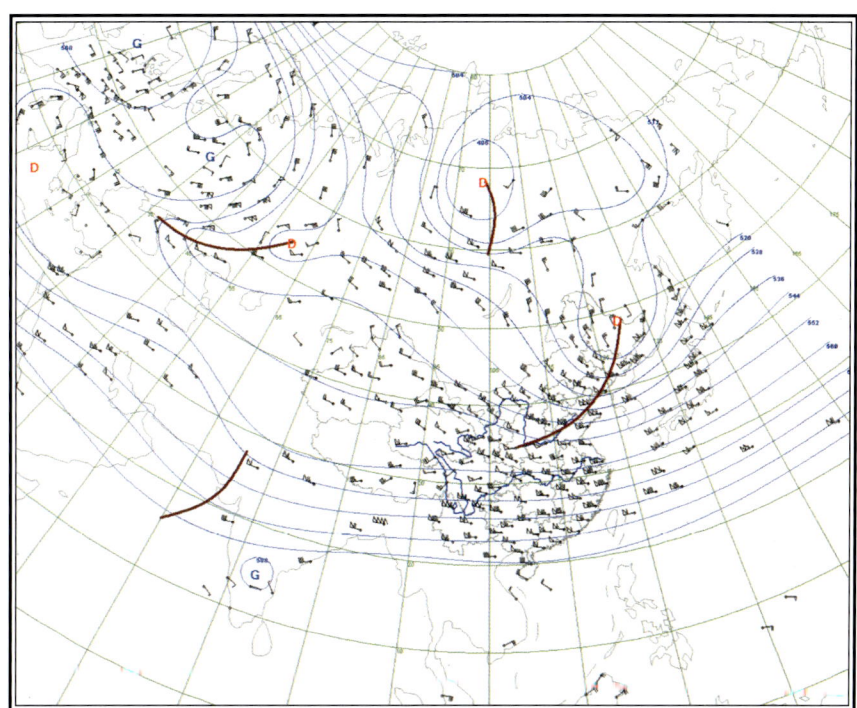

5.1.4　2008年2月11日14时地面天气图

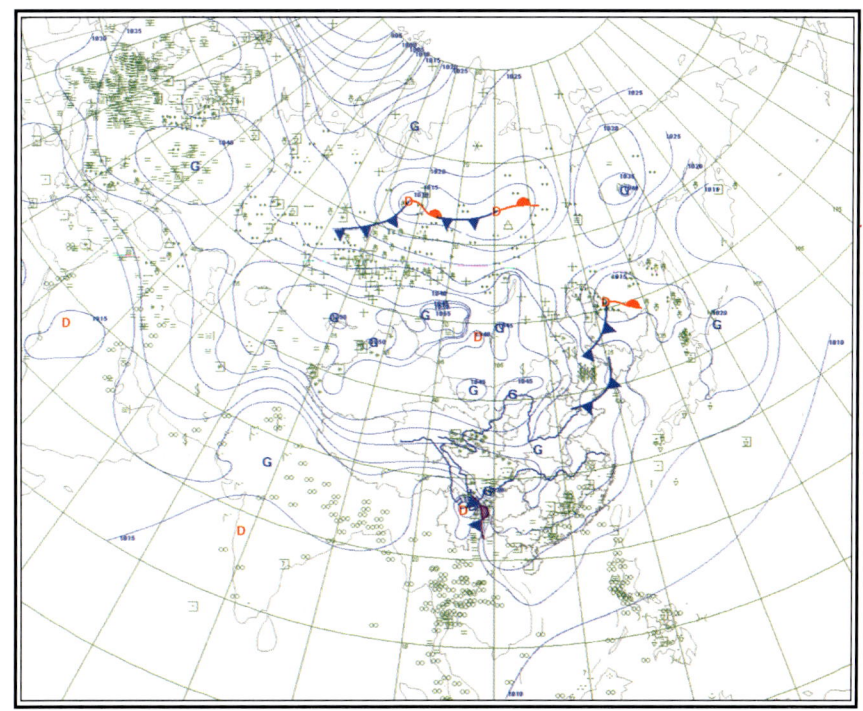

5.2 2月21-23日扬沙天气过程

5.2.1 沙尘天气过程描述

起止时间	2月21-23日
类　型	扬沙
最大风速(单位：m·s^{-1})及出现地点	16 内蒙古：拐子湖
最小能见度(单位：km)及出现地点	0.8 甘肃：玉门镇 内蒙古：拐子湖
沙尘路径	偏西路径型
沙尘暴范围	甘肃西部、内蒙古西部的局部地区
强沙尘暴地点	/
影响系统	低气压 冷锋

5.2.2 沙尘天气范围图

5.2.3　2008年2月22日20时500 hPa环流形势图

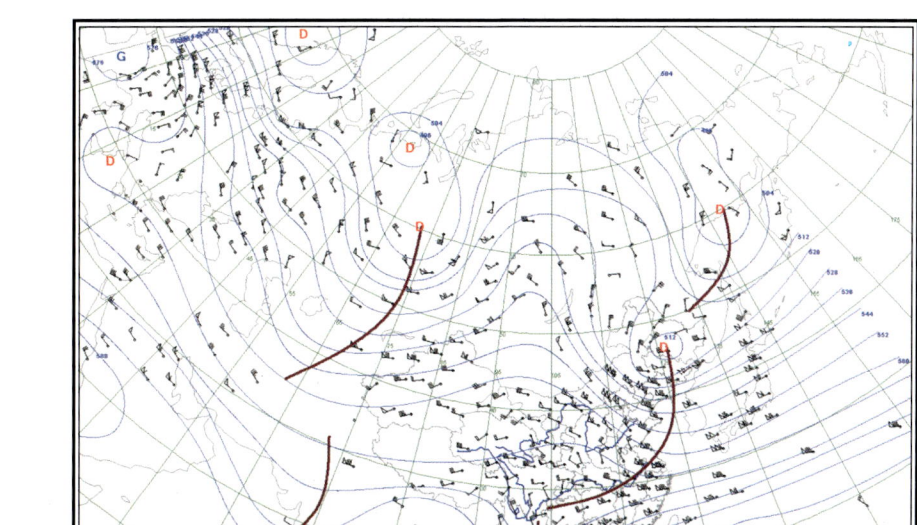

5.2.4　2008年2月22日14时地面天气图

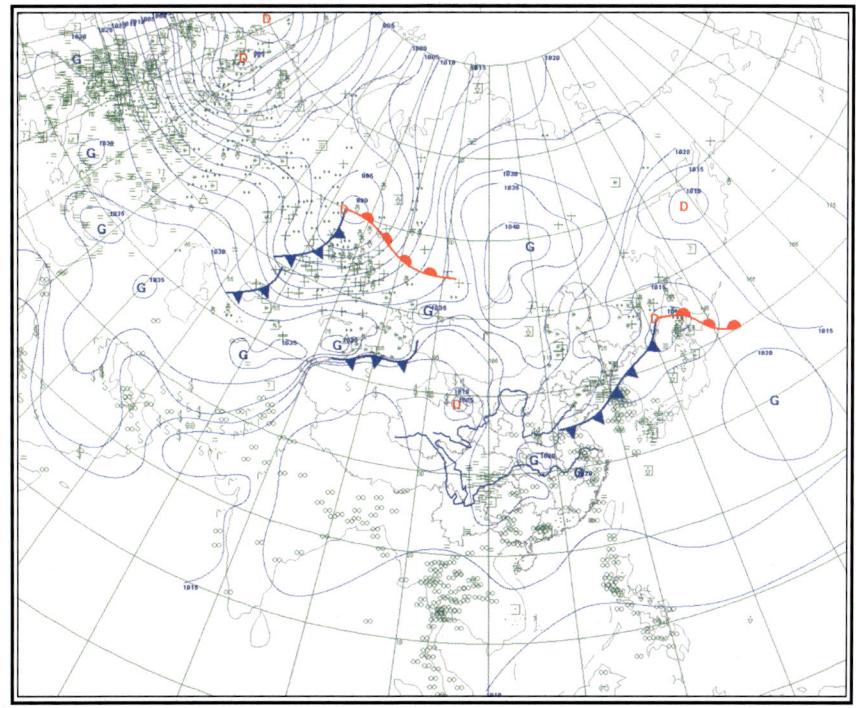

5.2.5 气象卫星监测图像

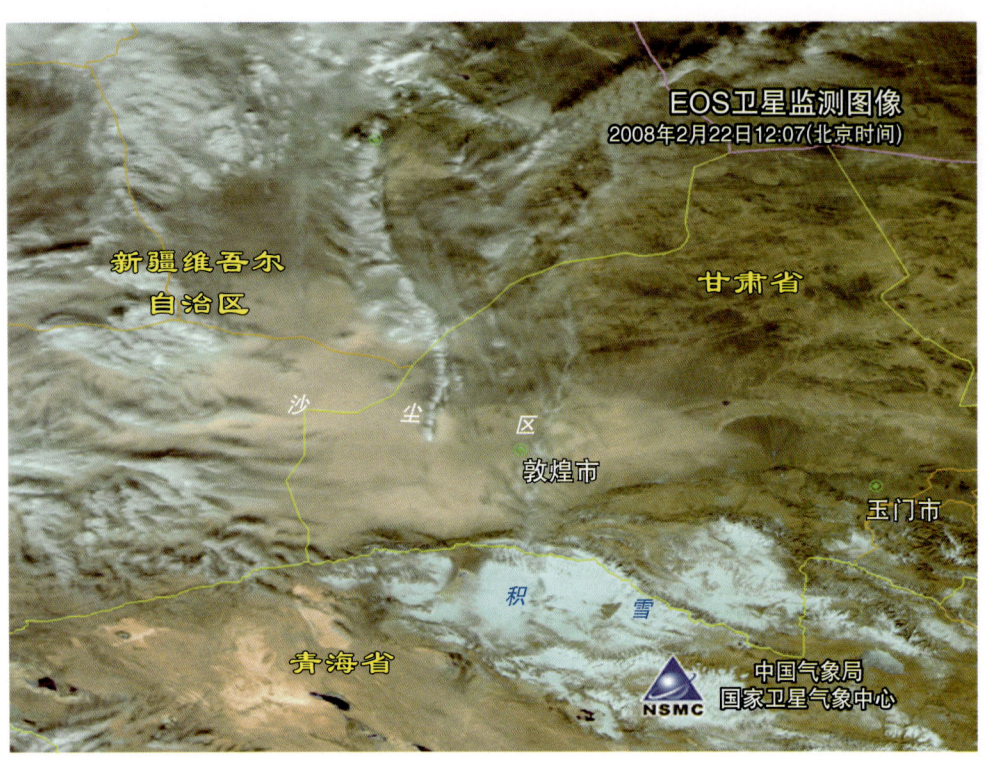

5.3 2月29日–3月1日沙尘暴天气过程

5.3.1 沙尘天气过程描述

起止时间	2月29日–3月1日
类　　型	沙尘暴
最大风速（单位：m·s^{-1}）及出现地点	16 内蒙古：海力素
最小能见度（单位：km）及出现地点	0.3 内蒙古：海力素
沙尘路径	西北路径型
沙尘暴范围	内蒙古西部、甘肃中西部的部分地区以及宁夏南部、陕西北部的局部地区
强沙尘暴地点	甘肃：民勤 内蒙古：海力素
影响系统	蒙古气旋 冷锋

5.3.2 沙尘天气范围图

5.3.3 2008年2月29日20时500 hPa环流形势图

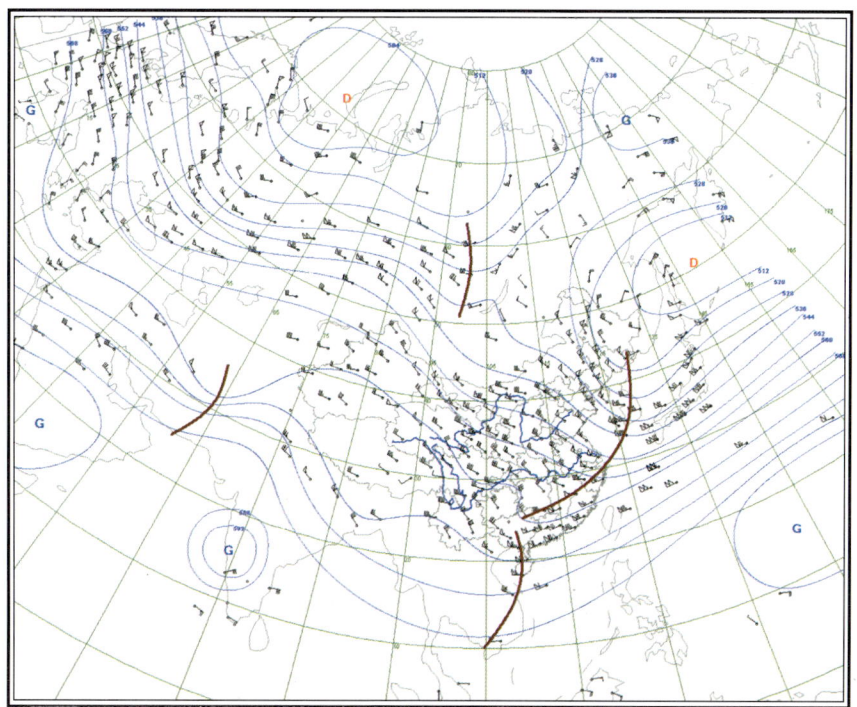

5.3.4　2008年2月29日20时地面天气图

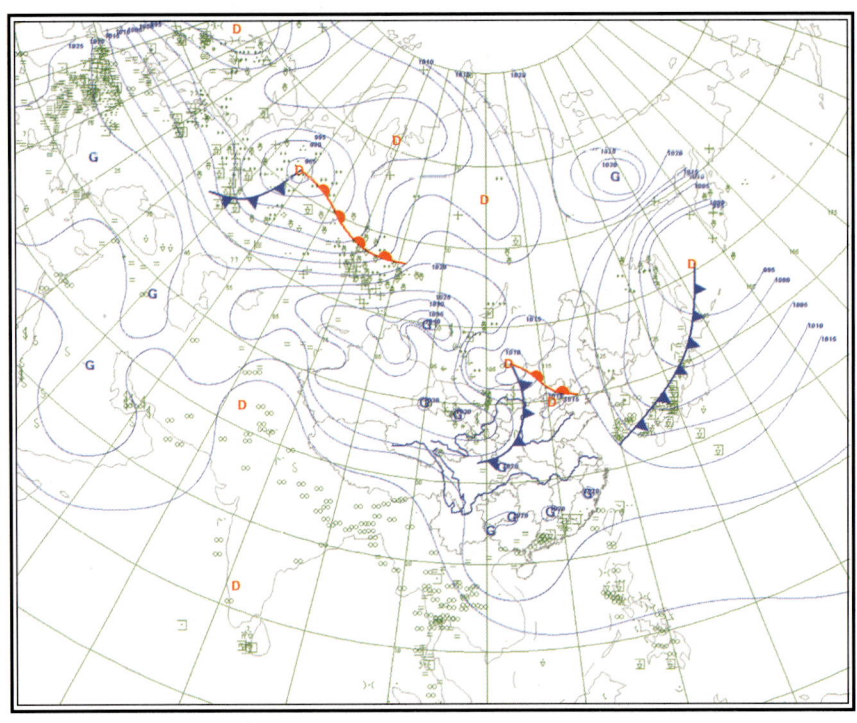

5.3.5　气象卫星监测图像

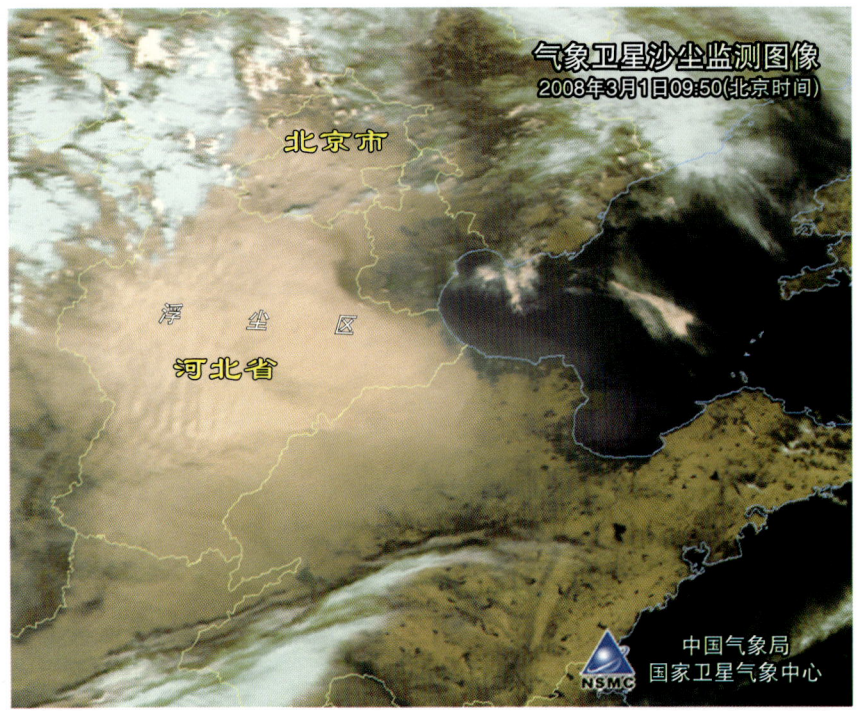

5.4 3月14－15日沙尘暴天气过程

5.4.1 沙尘天气过程描述

起止时间	3月14－15日
类　　型	沙尘暴
最大风速（单位：m·s^{-1}）及出现地点	15 内蒙古：苏尼特左旗
最小能见度（单位：km）及出现地点	0.1 内蒙古：朱日和
沙尘路径	偏西路径型
沙尘暴范围	内蒙古中西部、吉林西部的局部地区
强沙尘暴地点	内蒙古：朱日和
影响系统	蒙古气旋 冷锋

5.4.2 沙尘天气范围图

5.4.3 2008年3月14日20时500 hPa环流形势图

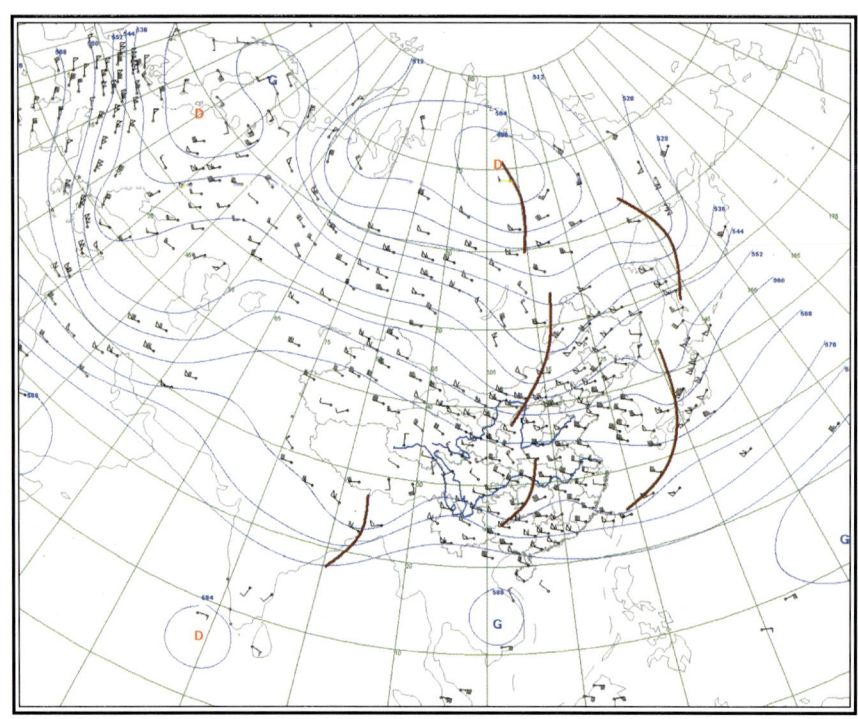

5.4.4 2008年3月14日14时地面天气图

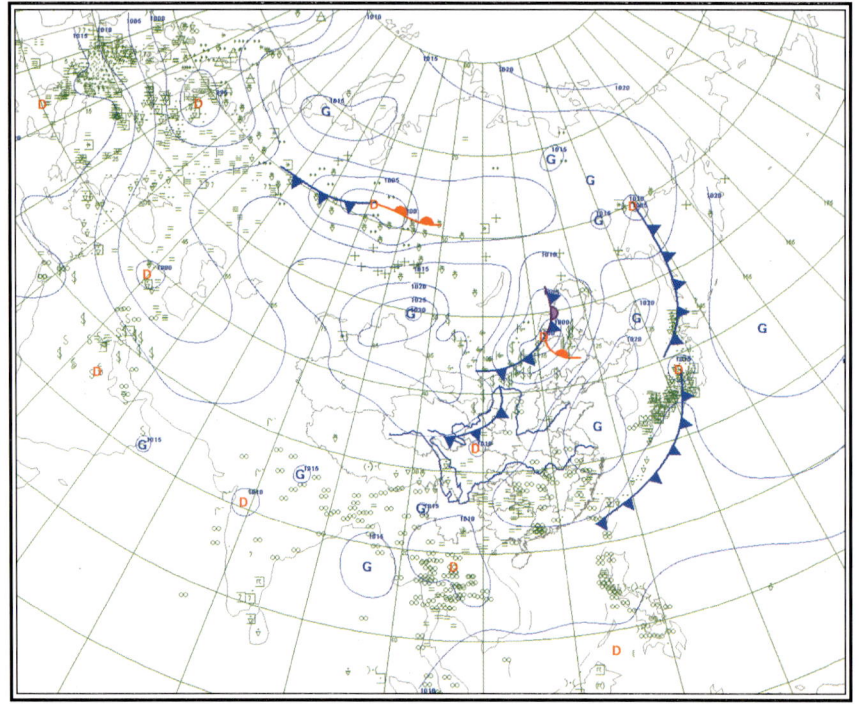

5.4.5 气象卫星监测图像

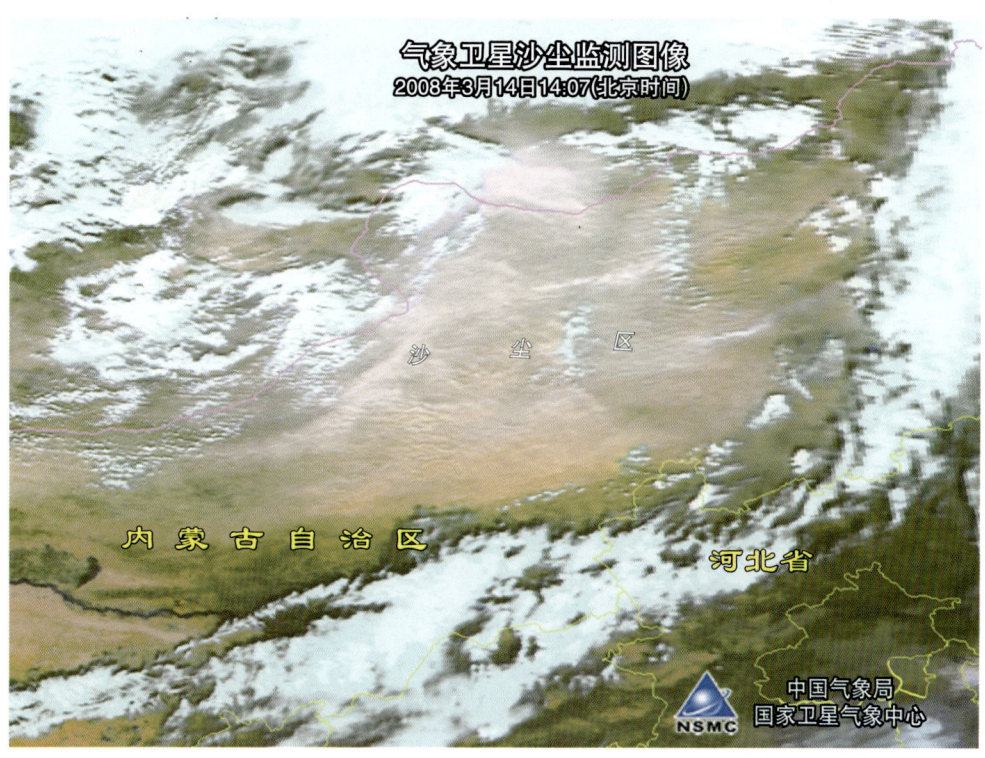

5.5 3月17－19日扬沙天气过程

5.5.1 沙尘天气过程描述

起止时间	3月17－19日
类　　型	扬沙
最大风速（单位：m·s^{-1}）及出现地点	18 内蒙古：拐子湖
最小能见度（单位：km）及出现地点	0.2 内蒙古：锡林浩特
沙尘路径	偏北路径型
沙尘暴范围	内蒙古中西部、甘肃西部、吉林西南部的局部地区
强沙尘暴地点	甘肃：高台 内蒙古：锡林浩特
影响系统	蒙古气旋 冷锋

5.5.2 沙尘天气范围图

5.5.3 2008年3月18日08时500 hPa环流形势图

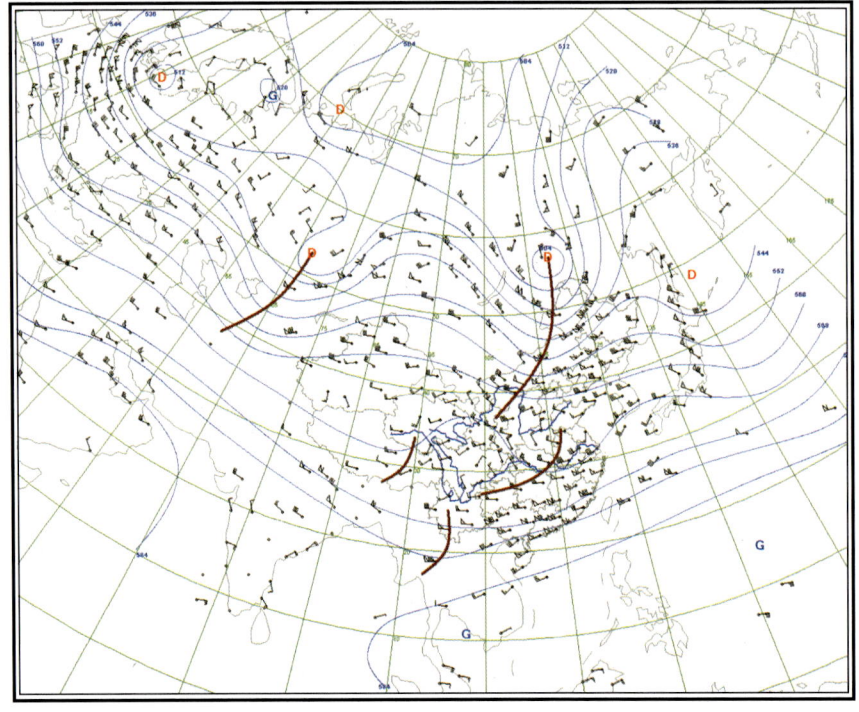

5.5.4　2008年3月18日08时地面天气图

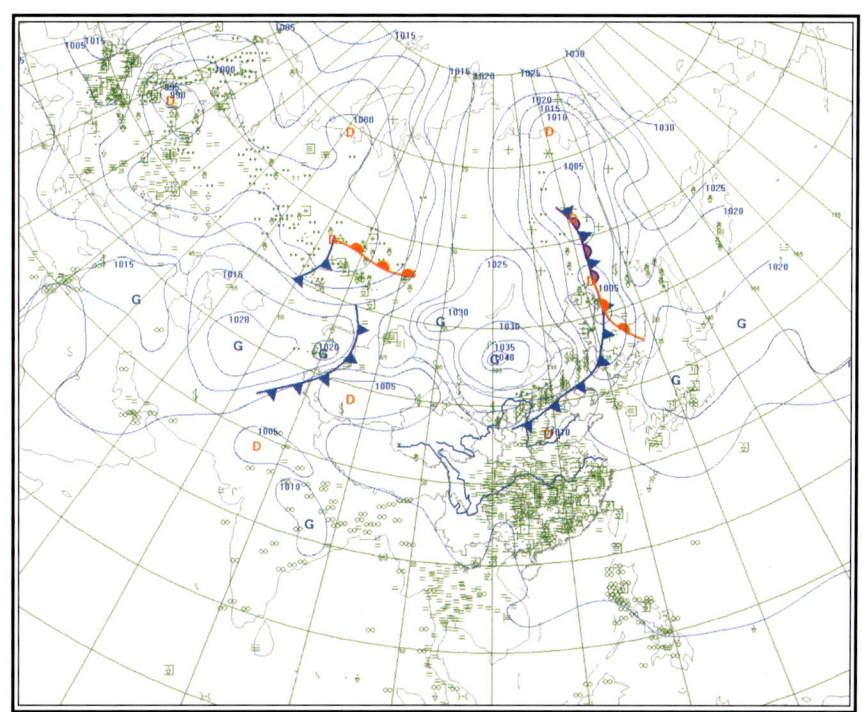

5.6　3月29－31日沙尘暴天气过程
5.6.1　沙尘天气过程描述

起止时间	3月29－31日
类　　型	沙尘暴
最大风速（单位：m·s^{-1}）及出现地点	19 青海：冷湖
最小能见度（单位：km）及出现地点	0.1 新疆：柯坪
沙尘路径	偏西路径型
沙尘暴范围	南疆盆地西北部的部分地区以及内蒙古西部、青海西北部的局部地区
强沙尘暴地点	新疆：阿克苏　轮台　库车　柯坪 青海：冷湖
影响系统	冷锋

5.6.2 沙尘天气范围图

5.6.3 2008 年 3 月 30 日 20 时 500 hPa 环流形势图

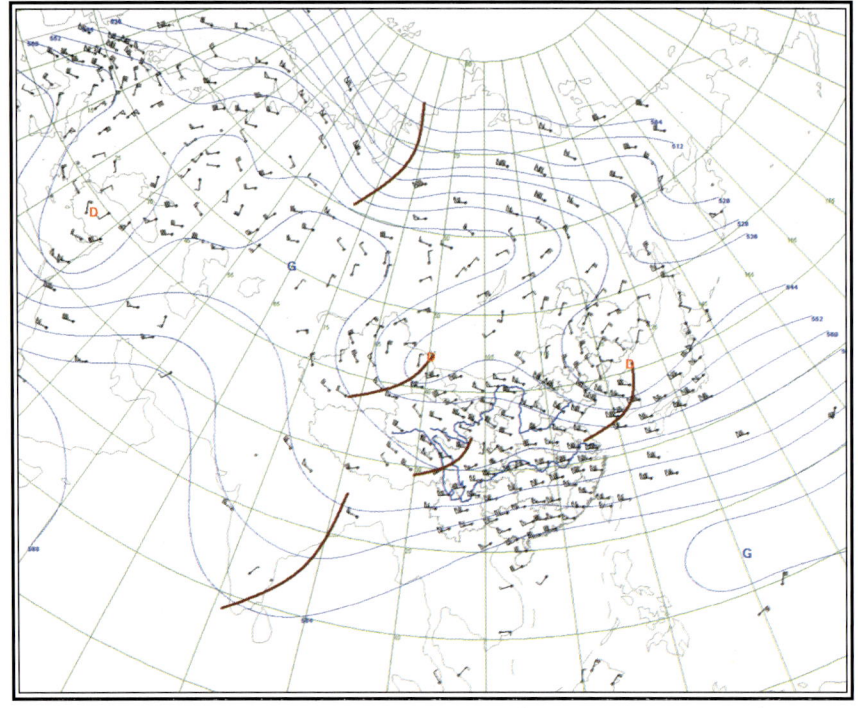

5.6.4　2008年3月30日14时地面天气图

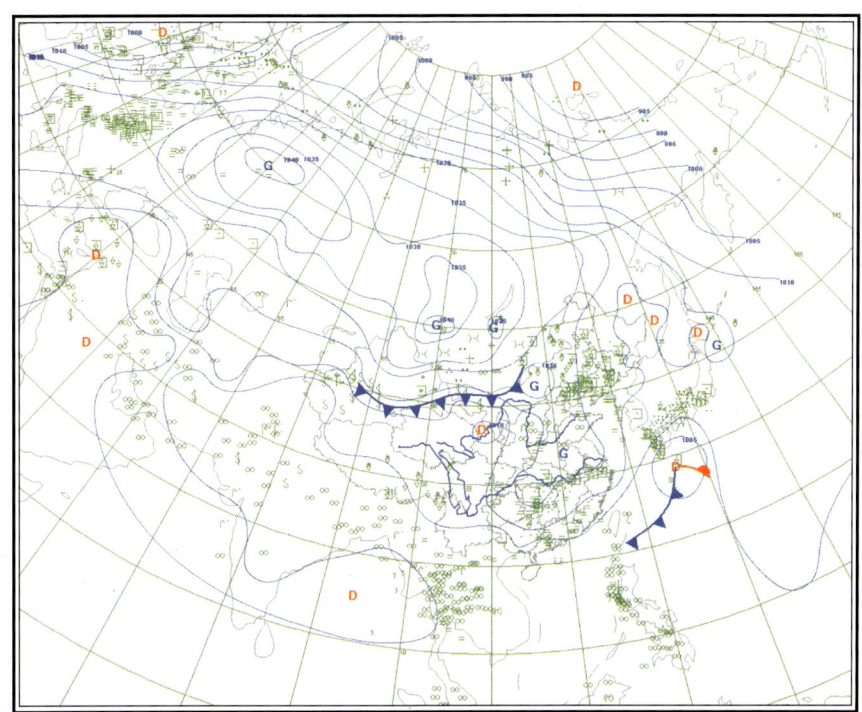

5.6.5　气象卫星监测图像

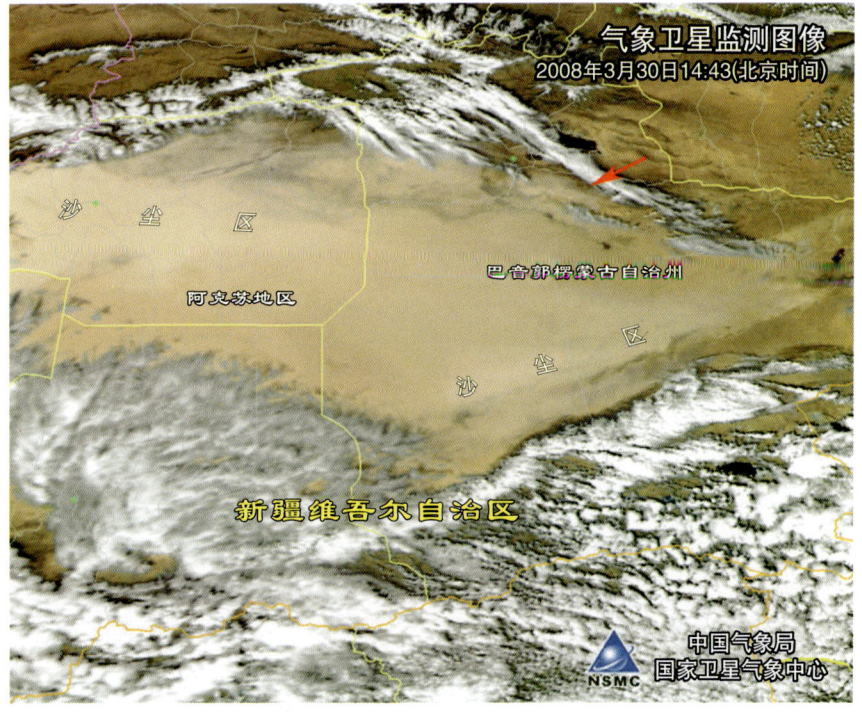

5.7 4月17–21日沙尘暴天气过程

5.7.1 沙尘天气过程描述

起止时间	4月17–21日
类　　型	沙尘暴
最大风速(单位：m·s^{-1})及出现地点	15 青海：冷湖
最小能见度(单位：km)及出现地点	0.1 新疆：轮台 若羌
沙尘路径	西北路径型
沙尘暴范围	南疆盆地、青海北部的部分地区以及北疆南部、甘肃中西部的局部地区
强沙尘暴地点	新疆：轮台 塔中 若羌 塔什库尔干
影响系统	蒙古气旋 冷锋

5.7.2 沙尘天气范围图

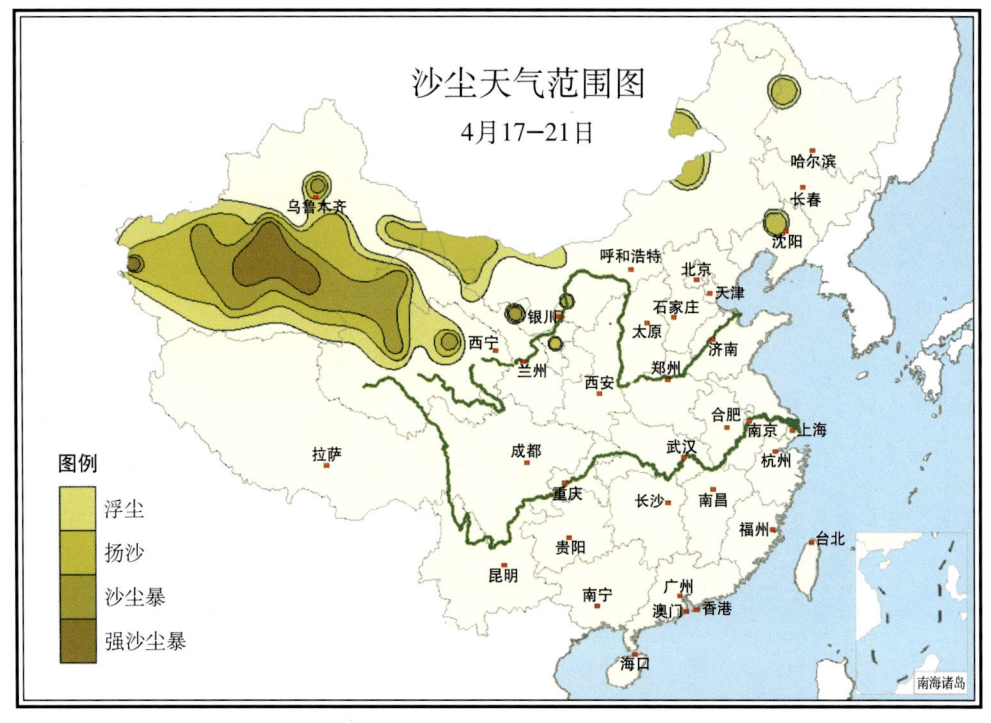

5.12.3　2008年5月28日20时500 hPa环流形势图

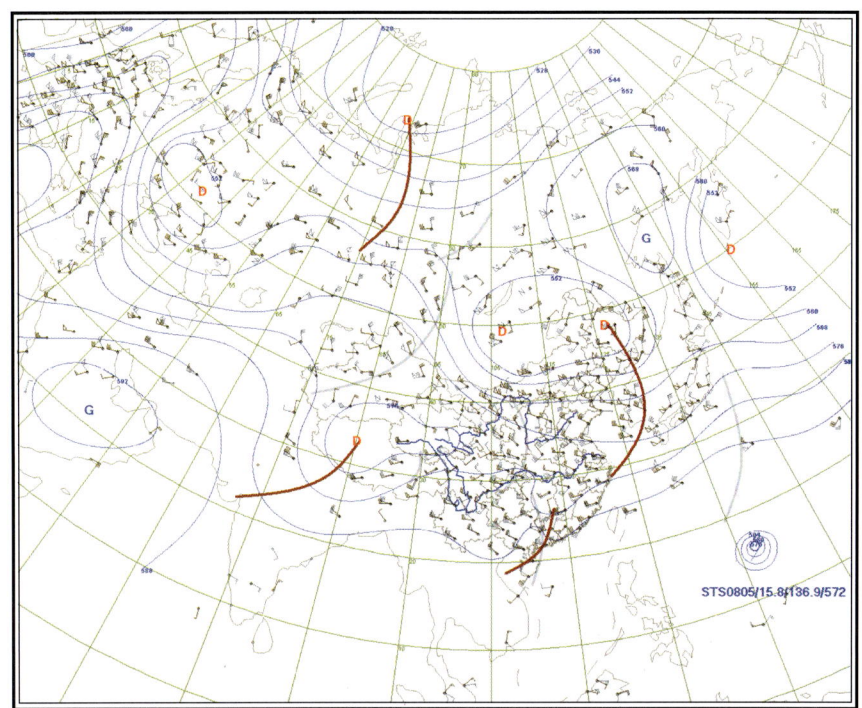

5.12.4　2008年5月28日20时地面天气图

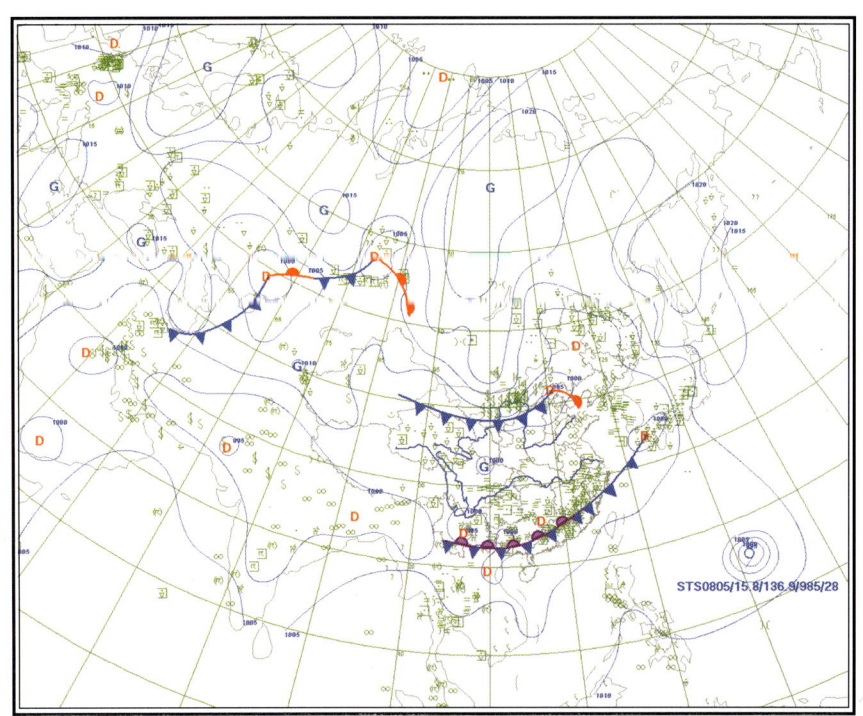

5.7.5 气象卫星监测图像

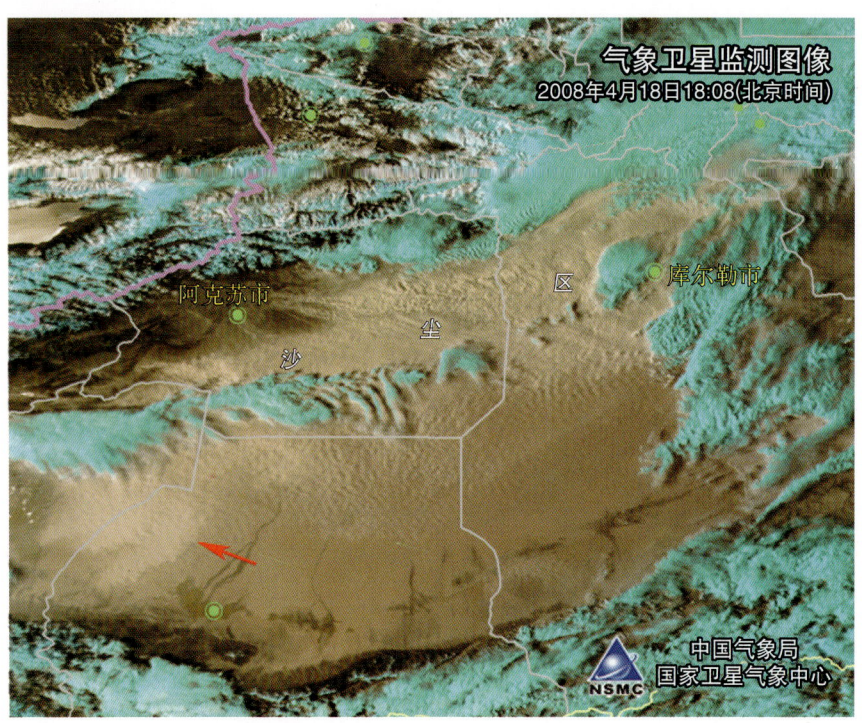

5.8 4月30日–5月3日沙尘暴天气过程
5.8.1 沙尘天气过程描述

起止时间	4月30日–5月3日
类　　型	沙尘暴
最大风速（单位：m·s^{-1}）及出现地点	17 青海：冷湖
最小能见度（单位：km）及出现地点	0.1 新疆：塔中　若羌　且末
沙尘路径	西北路径型
沙尘暴范围	南疆盆地、青海北部的部分地区以及甘肃西部、宁夏东北部、内蒙古中西部的局部地区
强沙尘暴地点	新疆：轮台　塔中　若羌　且末 内蒙古：东乌珠穆沁旗　拐子湖　海力素 西乌珠穆沁旗　　青海：冷湖　都兰
影响系统	蒙古气旋　冷锋

5.8.2 沙尘天气范围图

5.8.3 2008年5月2日20时500 hPa环流形势图

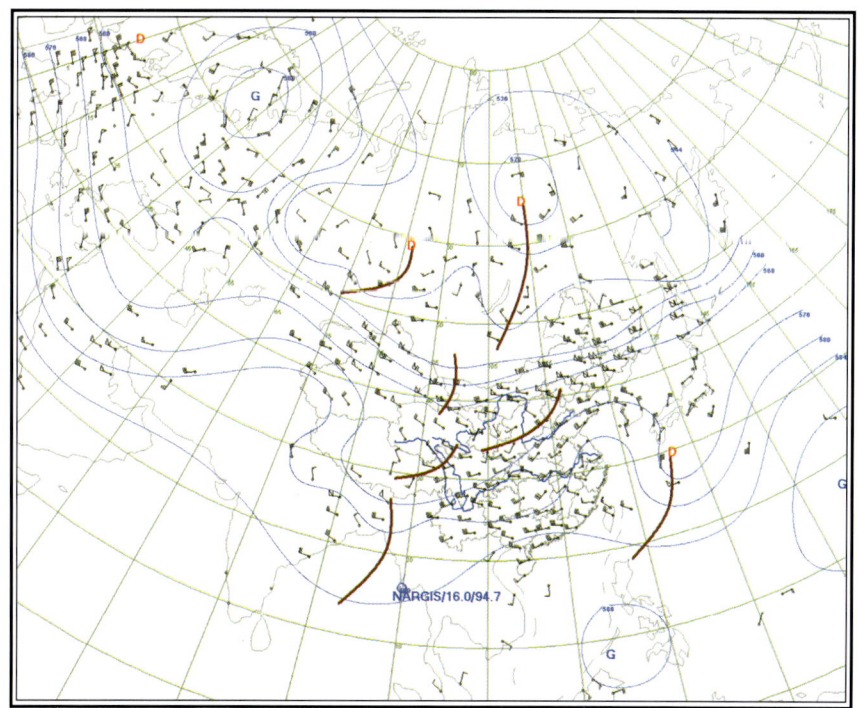

5.8.4　2008年5月2日14时地面天气图

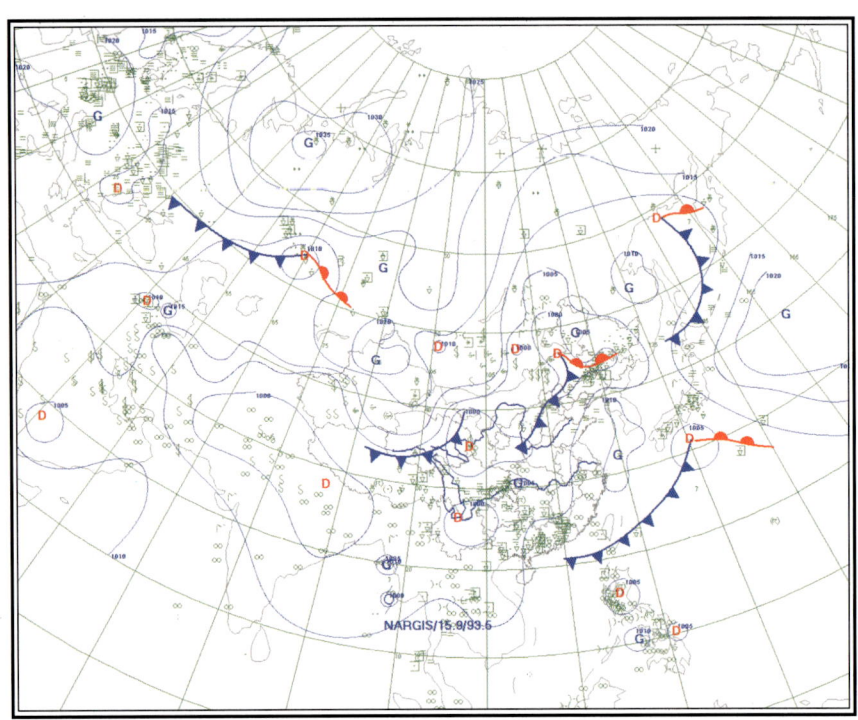

5.8.5　气象卫星监测图像

5.9 5月6-8日沙尘暴天气过程

5.9.1 沙尘天气过程描述

起止时间	5月6-8日
类　型	沙尘暴
最大风速(单位：m·s^{-1})及出现地点	16 内蒙古：拐子湖
最小能见度(单位：km)及出现地点	0.1 新疆：民丰　　内蒙古：拐子湖
沙尘路径	偏西路径型
沙尘暴范围	南疆盆地、青海北部、甘肃西部的部分地区、内蒙古西部的局部地区
强沙尘暴地点	新疆：民丰　　甘肃：敦煌 安西 内蒙古：拐子湖
影响系统	冷锋

5.9.2 沙尘天气范围图

5.9.3　2008年5月6日20时500 hPa环流形势图

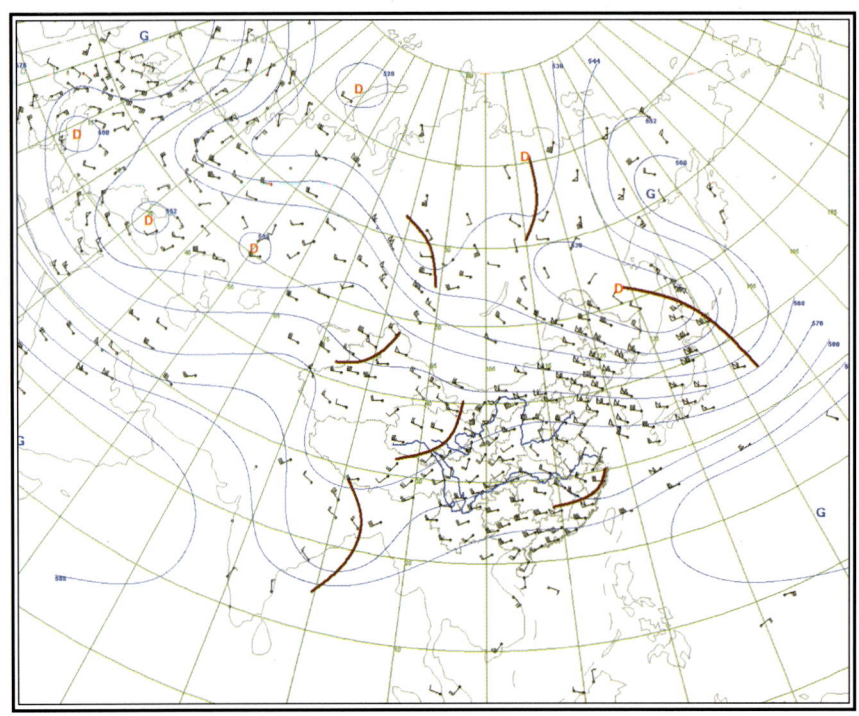

5.9.4　2008年5月6日20时地面天气图

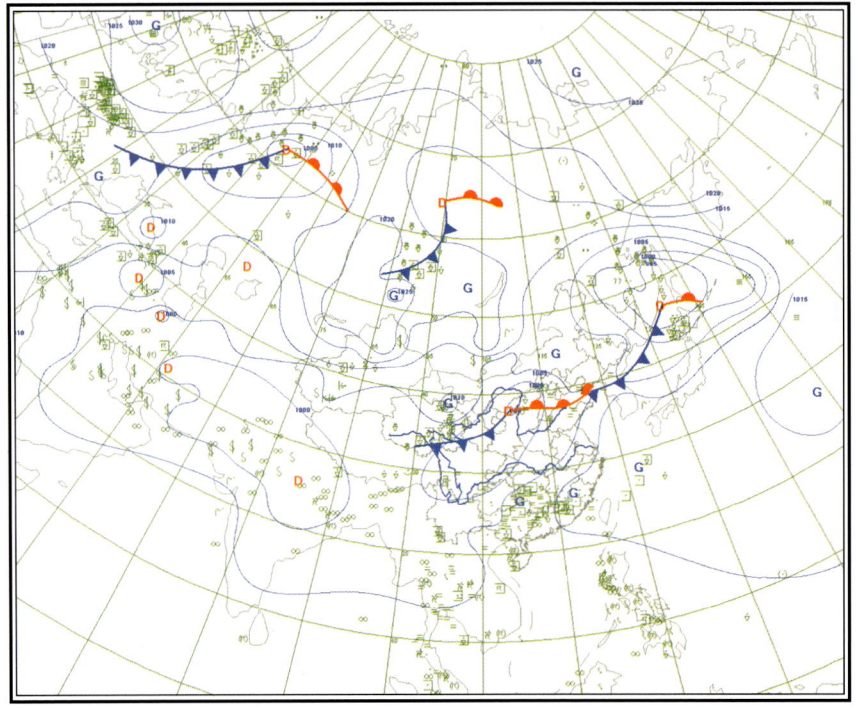

5.10　5月19－20日沙尘暴天气过程

5.10.1　沙尘天气过程描述

起止时间	5月19－20日
类　　型	沙尘暴
最大风速(单位：m·s^{-1})及出现地点	13 内蒙古：苏尼特左旗
最小能见度(单位：km)及出现地点	0.3 内蒙古：阿巴嘎旗
沙尘路径	偏北路径型
沙尘暴范围	内蒙古中部的部分地区
强沙尘暴地点	内蒙古：阿巴嘎旗　西乌珠穆沁旗
影响系统	蒙古气旋　冷锋

5.10.2　沙尘天气范围图

5.10.3　2008年5月20日08时500 hPa环流形势图

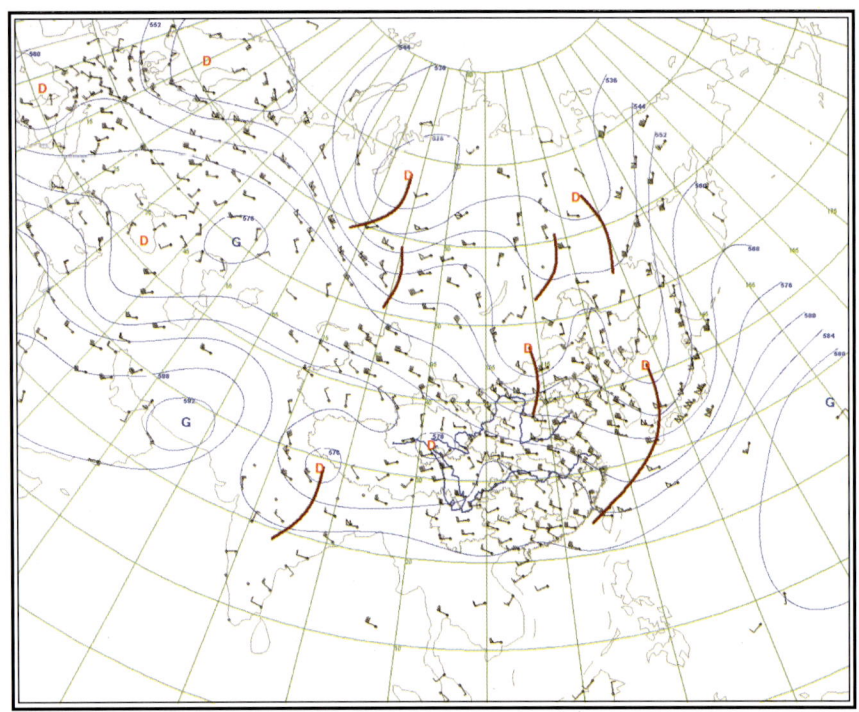

5.10.4　2008年5月20日08时地面天气图

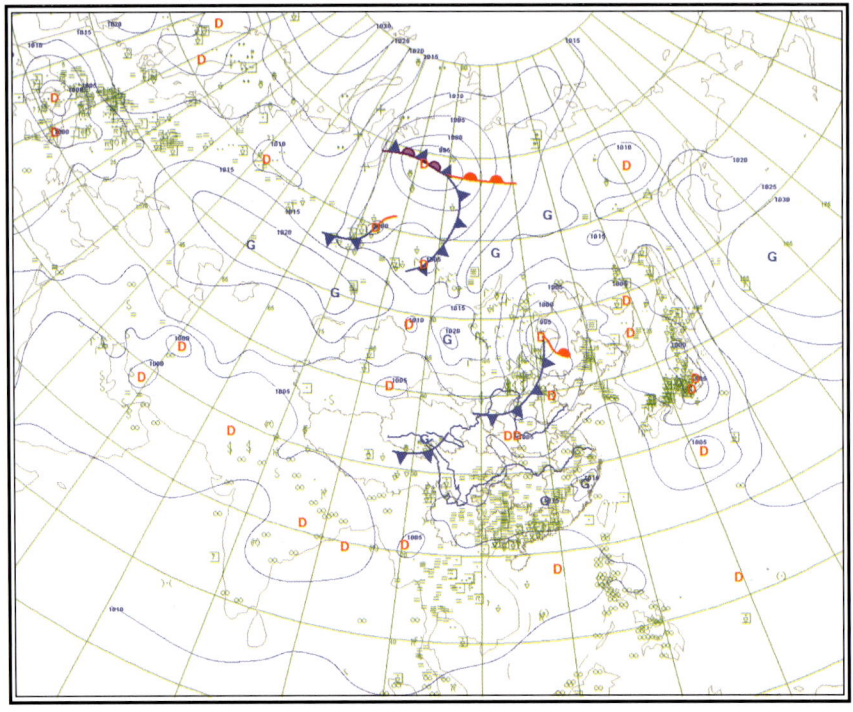

5.10.5 气象卫星监测图像

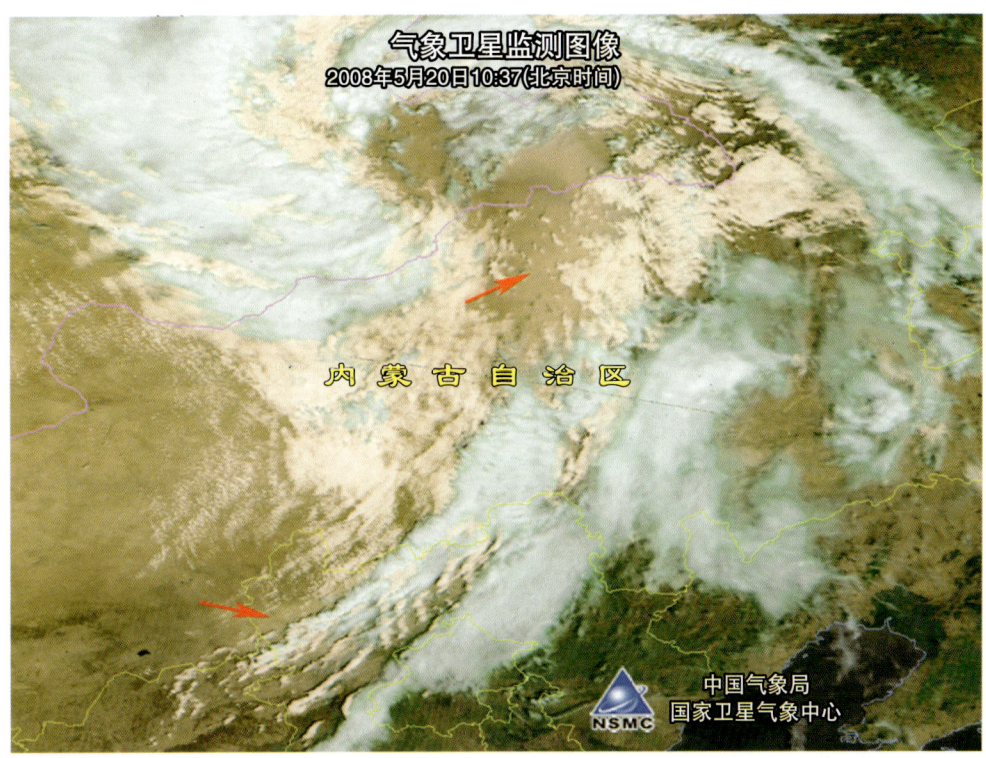

5.11 5月26－28日强沙尘暴天气过程

5.11.1 沙尘天气过程描述

起止时间	5月26－28日
类　　型	强沙尘暴
最大风速（单位：m·s^{-1}）及出现地点	21 内蒙古：苏尼特左旗
最小能见度（单位：km）及出现地点	0.1 内蒙古：东乌珠穆沁旗
沙尘路径	偏北路径型
沙尘暴范围	内蒙古中西部的部分地区
强沙尘暴地点	内蒙古：东乌珠穆沁旗 二连浩特 那仁宝力格 阿巴嘎旗 苏尼特左旗 西乌珠穆沁旗 巴林左旗 林西
影响系统	蒙古气旋 冷锋

5.11.2 沙尘天气范围图

5.11.3 2008年5月27日20时500 hPa环流形势图

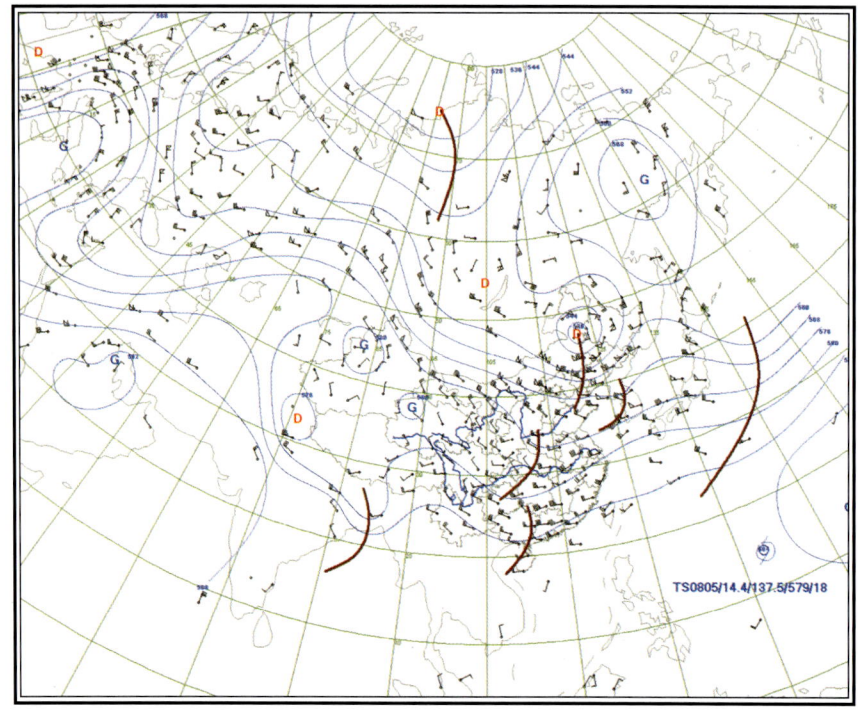

5.11.4　2008 年 5 月 27 日 14 时地面天气图

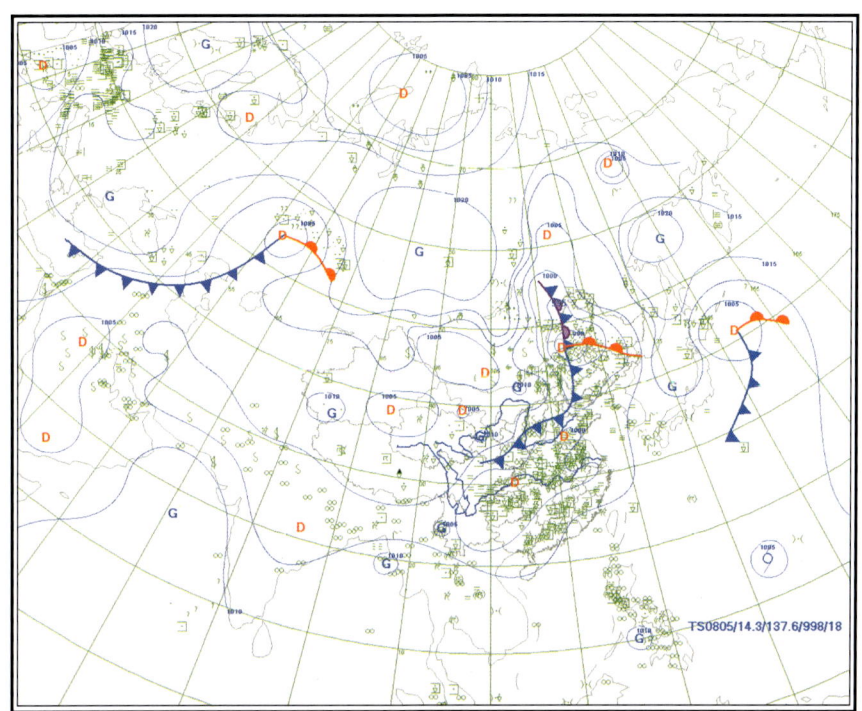

5.11.5　气象卫星监测图像

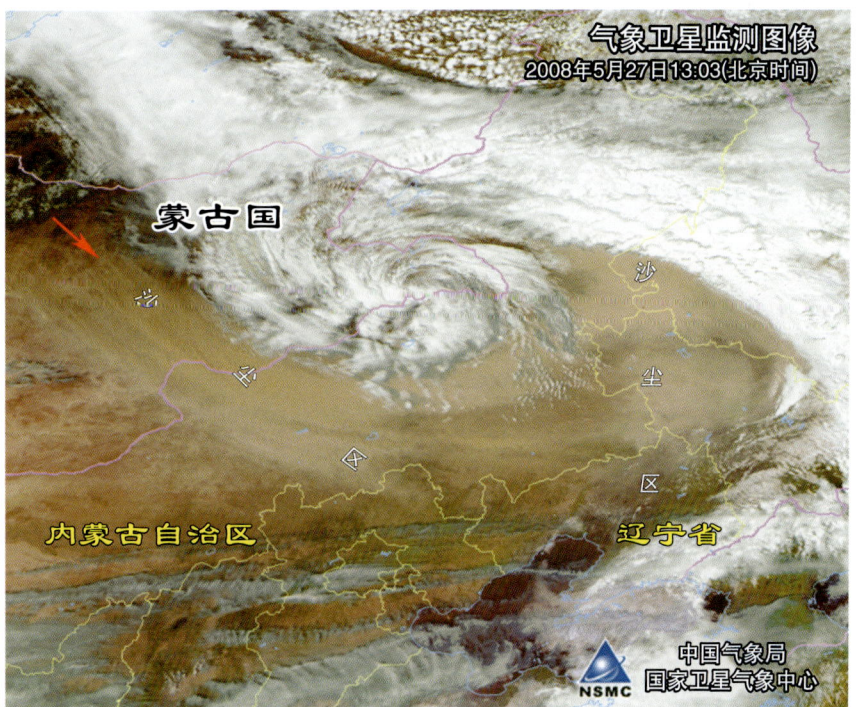

5.12　5月28－29日沙尘暴天气过程

5.12.1　沙尘天气过程描述

起止时间	5月28－29日
类　型	沙尘暴
最大风速（单位：m·s^{-1}）及出现地点	15 内蒙古：朱日和
最小能见度（单位：km）及出现地点	0.6 内蒙古：达尔罕联合旗　呼和浩特
沙尘路径	偏北路径型
沙尘暴范围	内蒙古河套北部的部分地区
强沙尘暴地点	/
影响系统	蒙古气旋　冷锋

5.12.2　沙尘天气范围图

5.7.3　2008年4月19日20时500 hPa环流形势图

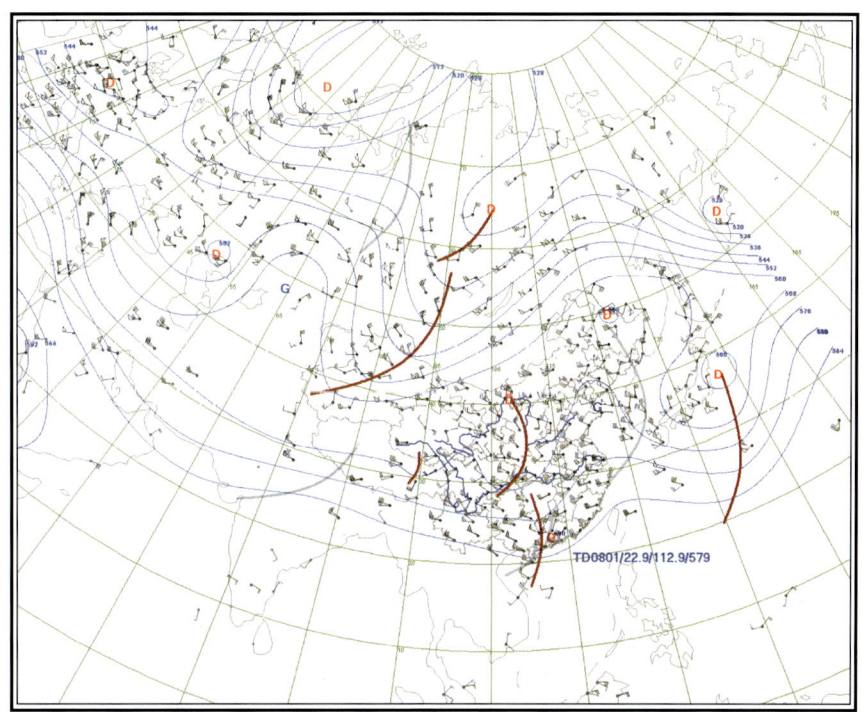

5.7.4　2008年4月19日14时地面天气图

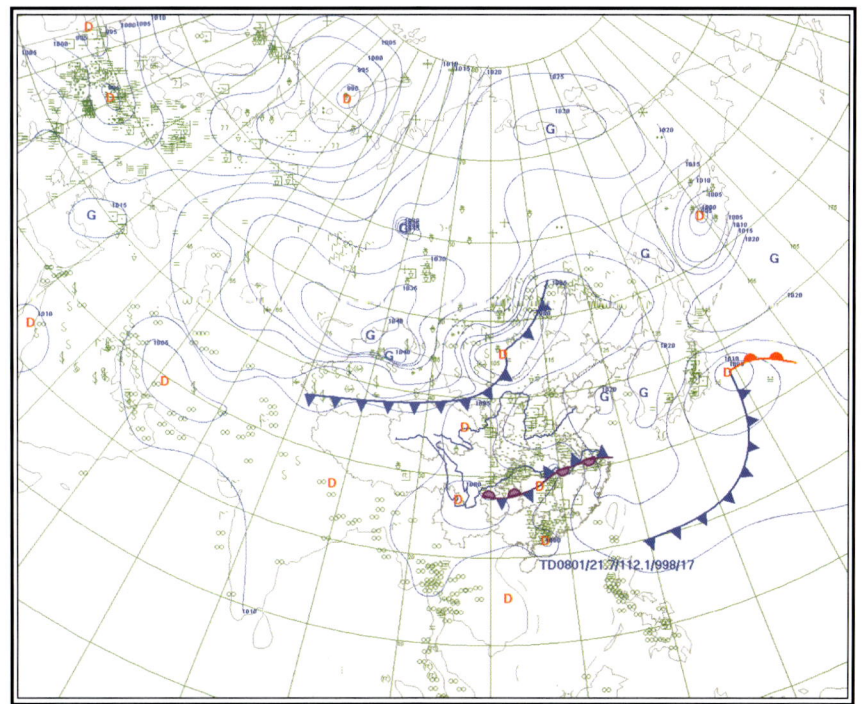

5.13 12月7日扬沙天气过程

5.13.1 沙尘天气过程描述

起止时间	12月7日
类　　型	扬沙
最大风速(单位：m·s^{-1})及出现地点	16 甘肃：金塔
最小能见度(单位：km)及出现地点	0.7 内蒙古：拐子湖
沙尘路径	局地型
沙尘暴范围	内蒙古西部、甘肃中部的局部地区
强沙尘暴地点	/
影响系统	冷锋

5.13.2 沙尘天气范围图

5.13.3　2008年12月7日20时500 hPa环流形势图

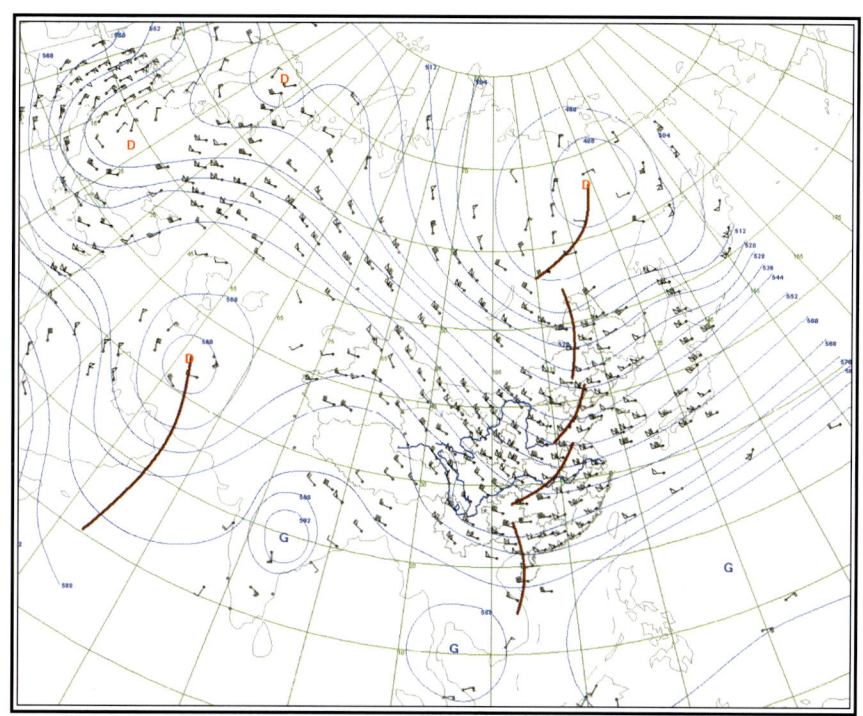

5.13.4　2008年12月7日14时地面天气图

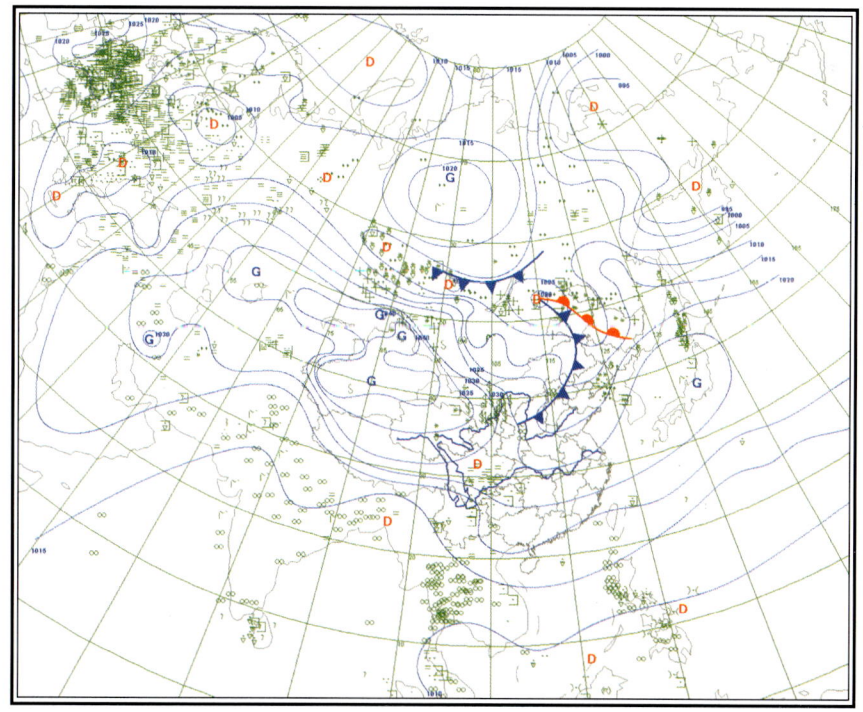